生技時代
關鍵報告
解碼淘金新商機

台灣生物產業發展協會 —— 編

Biotechnology Innovati
and Industry Transfor

目錄

CHAPTER 1

走過三十年，生技產業轉大人
—— 由味精工業到生技新藥開發

CHAPTER 2

站在生技產業關鍵時刻
上騰生技董事長張鴻仁、台杉投資生技
事業負責人沈志隆、晟德董事長林榮錦
維梧資本創投馬海怡博士

CHAPTER 3

看見生技產業大未來

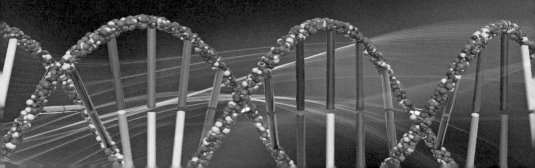

尋找產業的閃亮鑽石與錢潮

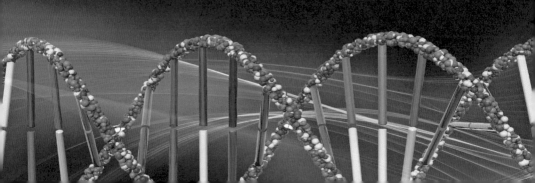

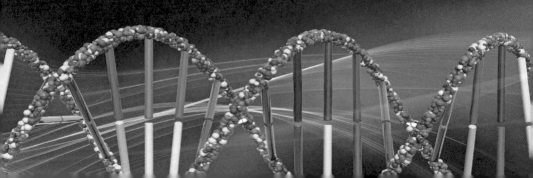

【序一】
生技三十，
展翅高飛

　　生技產業是兼具創新
研發與價值創造的高附加
價值產業，不但是世界各
國積極推動的重點產業項目，未來也將在經濟永續發展的過
程中扮演重要角色。

　　我國政府早在 1982 年即將生物技術列為八大重點科技
之一，可惜當時因為政策、資源、資金等整合沒有足夠的經
驗，導致 80 年代，我國保生公司自法國巴斯德廠技轉而來
的 B 型肝炎血漿疫苗，隨著默克（Merck）的「基因重組疫
苗」出現，於 1995 年宣告解散。當時因為沒有完善的基礎
設施及產業能力，導致我們的科技研發成果無法商業化，對
於剛起步的台灣生技產業而言，無疑是一大挫敗！

　　多年來，在產官學研各界不斷的努力下，先是政府於
1995 年通過「加強生物技術產業推動方案」，2007 年「生

技新藥產業發展條例」，2009 年「台灣生技起飛鑽石行動方案」，陸續吸引海內外科學家及產業領導者，投入我國生技醫藥產業的發展，逐漸為我國的生醫發展勾勒出產業的模型。2011 年起執行「生技醫藥國家型科技計畫」，推動了一系列開發新生技醫藥產品的計畫，包括新診斷試劑、新疫苗及新藥等；加上「南港生物科技園區」、「新竹生物醫學園區」、「國家生技研究園區」等產業聚落的設置，更促進台灣生醫產業的蓬勃發展。

台灣生技產業在 2018 年的表現相當亮眼，上市櫃公司年營業額成長達 11%，總市值更高達 7,020 億新台幣。近年來台灣在國際許多重要展會和獎項上持續獲得肯定，再加上既有的半導體、軟硬體優勢，相信台灣必能在這波生技醫藥浪潮中獲取商機，持續發光。

新穎的科學發現、創新的轉譯研究，將使未來醫學有極大轉變，原來的被動疾病治療，將轉為主動的健康促進、疾病預防。如今是精準醫學與人工智慧時代，未來 10 年的醫學研究，將聚焦於應用生物標誌的個人化醫療、醫療大數據預測疾病風險等醫學。

生物技術的突飛猛進，帶動「生物經濟」蓬勃興起，且商機無限，許多人懷抱更大夢想，希望找到以往健康問題

不可能有的解決方案。台灣將持續以連結在地、國際與未來為主軸，推動《5＋2產業創新計畫》，以人才、法規、資金、智財等面向，完善生技產業生態系，也在台北、新竹、高雄等地成立生技醫藥特色聚落，將台灣打造成亞太生醫研發產業的重鎮。

在此，我們祝賀「台灣生物產業發展協會」歡慶三十歲生日，也期許產業各界能秉持當初投入之初衷，繼續懷抱熱情，攜手為我國生醫產業的發展共同努力，帶領台灣成為一隻飛翔在全球生醫產業中的雄鷹！

陳建仁
中華民國副總統

【序二】 三十而立，再創高峰

　　隨著人工智慧、5G、大數據、物聯網等數位科技的導入，全球生技醫療產業面臨轉型的壓力，是挑戰也是機會。面對此波產業創新轉型，善用我國資通訊產業的優勢，透過跨域科技整合，應是我國生技醫療產業躍進世界舞台的機會。回首過去 30 多年，台灣生技醫療產業，透過政府到民間的公私協力，國際與國內的競爭合作，這些從零開始的奮鬥歷程已然成為我國在下一波生技醫療產業最好的根基。放

眼未來 10 年，將是台灣生技產業發展加速的關鍵時刻。

　　近幾年，在我督導「生醫產業創新推動方案」的執行及主持「行政院生技產業策略諮議委員會議（BTC）」的過程中，不僅看到我國生醫研發逐步開花結果，也深深感受到我國生醫產業茁壯成長的力道和未來的機會。過去我國生醫產業的發展大致以藥品、醫材及健康福祉三大主軸進行推動，逐漸累積出一些研發商業化的產品上市、行銷，但大多屬小規模的企業。近年在創新醫療、細胞治療、精準醫療及數位醫療等相關領域，研發的投入已略具基礎，加上台灣全民健保的巨量醫療數據，及具有國際水準的臨床試驗場域，這些都是我國生醫產業向前邁進的重要基盤。

　　為完整建構未來台灣生技醫療產業的發展藍圖，行政院目前正在推動「台灣精準健康倡議（Taiwan Precision Health Initiative）」，以國家全齡健康及產業翻轉創新為前提，建構我國精準健康大數據基盤和應用架構，以奠定產業發展的基石，實現全齡健康的願景；並推動台灣成為全球健康大數據應用之標竿國家，引領亞洲國家發展精準醫療與智慧健康照護等，提升台灣國際能見度與競爭力。

　　展望 2030，將是新興生醫科技發展的重要十年，面對生技醫療產業的轉型創新浪潮，產業未來的樣貌將朝向由藥

物轉變為療法、全面數位化、醫療生態系轉變、獲利模式翻轉、病人參與度增高等趨勢發展。除了整合台灣醫療體系及資通訊產業的優勢，作為驅動我國生技醫療產業創新的引擎外，培養國際商業發展、授權談判及多元跨域人才，鬆綁產業資金籌措的限制、活絡資本市場、強化國際合作等都是現行吸引國內外資金投入，推動國際鏈結的重要施政。政府亦已勾勒未來十年的發展願景並預為規畫，訂定前瞻性立法並調整舊法，以因應新興生醫科技的變革。

在慶祝台灣生物產業發展協會三十歲生日之際，除了致上誠摯的祝福外，我也期望我國生技產業中的每一份子，能夠緊抓下一波生技醫療發展的趨勢，找到自身的差異化競爭力，切入全球生醫產業的舞台，再創高峰！

吳政忠

行政院政務委員

【序三】 從研發到量產、從本地到 國際，承載半甲子的使命

從 1989 年到今天，生物產業發展協會整整走過了三十年歲月，也見證了台灣從頭發展生物科技產業的三十年歷程。

三十年的時光，足以讓一個襁褓中的孩子長大成人，但對於生物科技這樣一個新興高科技產業的發展來說，才剛剛走完第一步，三十年來雖然我們看到許多顯著的成長，但充其量仍只是在「轉大人」的階段。選在此時出版這本細數

Biotechnology Innovation
and Industry Transformation

產業成長歲月的專書，為的不僅是留下記憶，更為了承載半個甲子以來始終不墜的使命感和熱情，以走好下一段路。

三十年，一段不算短的日子。台灣生技產業一路摸索成長，走過風風雨雨。最初從以發酵為基礎的味精工業出發，歷經了各項法規的建立、各類領域的投入及不同營運模式的嘗試。從研發到量產、從本地到國際，協會與產官學研各界共同攜手，渡過了「從無到有」的艱辛、漫長、與無限的期待。

三十年中，我們看到許多新創生技公司的成立，也看到許多傳統公司的轉型升級；看到許多海外學人回台，也看到在地生技人的學習成長；看到過生技類股紅極一時、如日中天，也看到了資本市場乏人問津、了無生氣；政府的倡導與支持，雖然有對也有錯，熱切的期許卻是唯一不變的初衷。

三十年的摸索學習中，我們也看到愈來愈多深具潛力的新科技、新產品和新公司。生技發展日新月異，不論是基因定序、細胞治療、人工智慧、蛋白質新藥，一直到高齡化社會所需的營養保健及再生醫學，在在都是人類健康希望之所在，也不難從中解碼，找出生技淘金的新商機。

我們感謝所有參與協會及生技產業成長的每一個人，尤其是協會的同仁和志工們，沒有大家的努力和付出，台灣

不會有今天的生技產業。我們也謝謝在此三十週年前夕為我們述說故事、提供資料的人，特別要向本書作者張令慧、協會蔡幸陵及時報出版團隊致上最高敬意，他們不辭辛勞的投入，使我們得以回顧過去、展望未來。

　　細數來時路，我們期待台灣生物科技產業抱持「機會無窮、永不放棄」的樂觀和進取，帶著三十年成長的力量與熱情，為台灣創造出下一波閃亮耀眼的生技新經濟。

李鍾熙

台灣生物產業發展協會理事長

Biotechnology Innovation
and Industry Transformation

楔子

在七月底一個炎熱的上午，台北南港展覽館四樓的光廊中擠滿了來自各國的生技代表。蔡英文總統在台灣生物產業協會李鍾熙理事長的陪同下，和來自全球各國代表共同拉出一條印著參與國國徽的長布條，正式為 2019 年亞洲生技大會（BIO Asia-Taiwan 2019）揭開序幕。

這是第一次一千五百人國際大型的亞洲生技大會在台舉辦，其實類似規模的台灣生技月（BIO Taiwan）已經辦了十七年，距離主辦單位台灣生物產業發展協會的成立，也已滿三十年。對一個人來說，三十年是一段不算短的時間，但對台灣生技產業的發展來說，或許才剛剛進入要「轉大人」的青澀階段。

三十年了，台灣生技產業起飛了嗎？看來似乎還在跑道上衝刺的階段；再過三十年呢？是否台灣能一圓生技夢，為經濟帶來新動力？台灣生物產業協會李鍾熙理事長形容台灣生技產業正在一個轉大人的陣痛期（Growing Pain），他深信台灣生技產業的未來，也相信經由這些辛苦的學習，才能出人頭地。因此我們要問問究竟三十年我們學到了什麼？而

在此關鍵時刻，我們又面臨著什麼挑戰？我們準備好了嗎？

　　而在三十年的基礎下，我們又看到什麼更長遠的新未來？我們真能從中解碼生技淘金的新商機嗎？生物科技發展日新月異，基因定序、細胞治療、生技新藥、人工智慧、創新醫材，一直到高齡化社會所需的營養保健及再生醫學，在在都透露出無窮的契機。我們抓得住這些機會嗎？下一波生技明日之星出現了沒？接下來的採訪和分析報導或許能提供一些答案。

Chapter *1*

走過三十年，
生技產業轉
大人
——由味精工業
到生技新藥開發

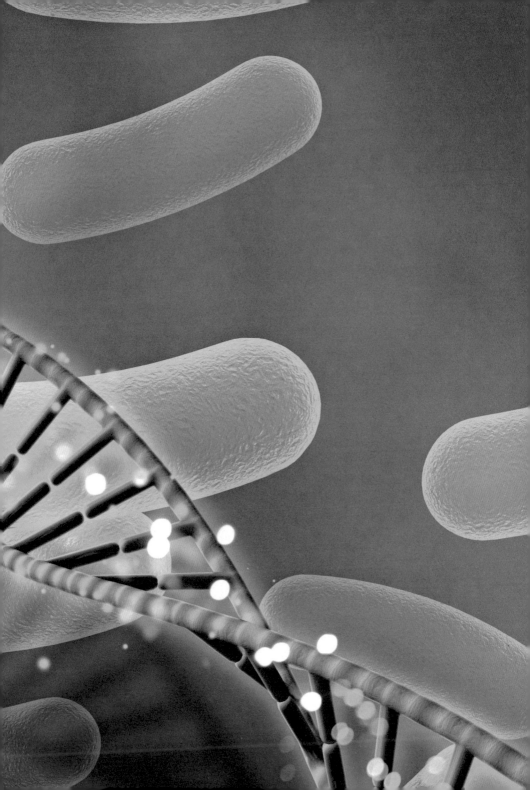

台灣生物產業發展協會成立三十週年──見證生技產業發展歷程

　　2019 年 7 月底，台北正籠罩在 35、36 度的高溫烈陽下；同一時間，來自 25 個國家，約有 1,500 多位生技相關產學業者與會的亞洲生技大會 BIO Asia 第一次在台舉辦。相較於已經舉辦十多年的 BIO Taiwan，台灣生物產業協會與全球生技協會攜手舉辦 BIO Asia，就是希望能經由這項綜合展覽會、產業論壇，以及一對一的企業媒合會議等等，將台灣

2019 年亞洲生技大會（BIO Asia-Taiwan）共有 25 國代表與會。

全球 BIO 總裁葛林伍德（Greenwood）與蔡英文總統於美國館攤位前合影。

的生技產業帶往國際，並活絡亞太的生技投資，以促進國際企業合作。

　　蔡英文總統在台灣生物產業協會李鍾熙理事長的陪同下，和來自全球各國代表共同拉出一條印著參與國國徽的長布條，正式為 2019 年亞洲生技大會（BIO Asia-Taiwan 2019）揭開序幕。她在開幕致詞指出，政府持續推動生技產業創新計畫，並建立由北到南的生技醫藥特色聚落，未來生技產業將能成為台灣的下一個兆元產業。

　　全球生技協會總裁葛林伍德（James Greenwood）特別親自來台參與這項亞洲生技盛會，並在致詞中表示，大家都看重台灣擁有很好的高科技基礎，加上充沛人才、創業的精神、豐富的資本，以及 30 年全民健保醫療資料庫，又有政府的大力支持，相信能為亞洲地區創造出生技產業的新契機。

　　他也對和台灣合作舉辦 2019 年亞洲生技大會表示高度肯定。他也特別指出，亞洲各國的生技產業要進入世界大聯盟，就必須跨越三個門檻，這是各國發展生技的三大挑戰。

　　第一個挑戰是在新藥開發和學名藥發展取得平衡；第二個是在醫療支出的撙節和以市場支持醫藥創新取得平衡；第三個是在本土廠商和國際藥廠之間取得平衡。在場產業代表都示贊同，蔡總統也十分專心仔細聆聽，頻頻點頭。這三者確實都是台灣必須面對的艱巨挑戰。

　　在 2019 年 BIO Asia 展會結束後，獲得全球生技協會的高度肯定，並決定下一年度的 BIO Asia 2020 將會續留台灣。台灣生物產業協會理事長李鍾熙則計畫將此一亞洲盛會打造成為亞太地區生技產業合作的平台，並期望未來能一直留在台灣舉辦。

　　事實上，今年也是台灣生物產業協會成立三十週年。這

三十年來協會與產官學研各界攜手合作，一步一腳印，見證了台灣生技產業從早期味精工業，走到了今天的生技新藥和精準醫療，上市櫃生技公司也超過 120 家，2018 年生技產業獲利創新高，並將成為亞太地區生技產業合作的平台，可以說是跨出了一大步。

近十年生技產業變化

	2008 年	2018 年
上市櫃公司數	22	122
市值	750 億元	8,335 億元
產值	715 億元	3,442 億元

資料來源：行政院全球資訊網

　　三十年中生技產業有起有落。爾今，當我們坐看台灣生技產業風雲將起時，且讓我們細數這過去 30 年的歲月。

話說從頭

　　1980 年代，台灣正面臨產業轉型的時刻，誠如台灣大學農化系退休教授蘇遠志所描繪，雖然當時台灣已經有食

品、化學製藥、農業等傳統產業，但「生物技術」這個名詞卻還未見於台灣的產業中，直到 1982 年的第二次科技會議，才將肝炎防治與生物產業及資訊科技等，列為我國八大重點推動的產業。

而當年擔任國科會生物處處長，已經在推動學術界生物科技工作的田蔚城談起那一段歲月，他說當年我國的生物技術大多存留在學術界，但學術界的老師們大多各做各的，而產業界雖然已經有學名藥藥廠，但從產業界到學術界，生物技術在台灣可以說幾乎是空白的。所以，1984 年，在政府決定要推動生物技術產業化後，經李國鼎先生倡議、行政院院長孫運璿裁示下，決定成立財團法人生物技術開發中心，擔負起串連學術研究到產業化的中間者角色。

1989 年台灣生物產業發展協會成立

但是會有生物產業發展協會這樣的組織，就得說起創會理事長蘇遠志教授；留學日本的蘇遠志是國內的發酵專家，國內味精工業的變革與他息息相關。在日本東京大學留學時，蘇遠志就已經將自己研究的味精發酵技術移轉給味全公司，深知日本學術界將自身的研究成果轉移給企業界，支

1989 年 11 月 16 日，生物產業協會正式成立，總統府李國鼎資政與蔣彥士祕書長均親臨致賀。

持企業界發展的產學合作架構。因此，當時任生技中心董事長，也是行政院祕書長蔣彥士找上他，希望由他出面籌設一個溝通生物技術產官學界的組織時，蘇遠志教授等人特前往日本取經，參考日本生物產業協會的架構，來作為國內發展的依據。

在向日本生物產業協會取經之後，1989年11月生物產業發展協會正式成立，當時產業協會的成員，就是以發酵生物科技為基礎的味精工業廠商所組成，包括味全、味王、味丹等公司。協會一成立就有很清楚的定位，那就是將負起 1.推動生物技術產業化；2.促進生物技術的開發與移轉；3.舉辦生物技術研討會與演講；4.收集與報導生物技術產業的相關

1989 年 1 月 16 日，生物產業協會舉辦第一屆第一次會員大會。

協會率生物技術考察團訪問捷克斯洛伐克國家科學院。

資訊；5.加強生務技術之國際交流與合作；以及6.培育人才等六大任務。

為了達成協會的任務目標，協會除了在1990年發行《生物產業》會刊，以報導國內外的學術界與產業的資訊與活動外，透過協會，在1990年代，我國的生物產學研界，已經與日本、以色列、越南、埃及與大陸等地展開互訪交流。

1989年，財團法人生物技術開發中心成立已經五年了。擔任第一任生技中心執行長的田蔚城等人發現，原被期待要扮演好引進國內外的科研成果，投入產程與產品開發，再轉接給產業界的生技中心，卻因為受到政府預決算的控制，往往面臨在與國內外的研究機構洽談一個合作項目，必須等到

協會出版的《生物產業》會刊合訂本

層層組織的議決完成，才有辦法做出決定，在時效上明顯緩不濟急。因此，為了將國內、外的研發成果，生技中心的開發，以及產業界的資源能整合串連形成一個金字塔，結合政府機構、學研界與民間企業界的生物產業發展協會，正好也可以扮演這個角色。

田蔚城也以當年台灣失去投資 Amgen 公司的機會，做為當時期望成立生物產業發展協會的佐證。他說，1980 年當李國鼎正在規畫生技產業政策時，美國 Amgen 公司也剛成立，Amgen 曾經一度因為發生財務困難找上他，希望台灣能投資 1,000 萬美元，取得 Amgen 10% 的股權，但政府卻因為預算程序問題，沒能即時答應投資。結果，Amgen 在幾年之後，因為做出紅血球生成素 EPO，讓公司的股價一飛沖天，而 EPO 就是由來自台灣的生技專家林福坤博士所發明的。田蔚城說，如果台灣當年有產業協會，可以結合企業界投資這 1,000 萬美元，現在可能已經有超過千倍的回收。

從味精工業進入學名藥生產

在協會成立之初，以生物科技發酵為基礎的味精工業

正方興未艾，但生物產業協會創會理事長蘇遠志教授在連任兩屆理事長之後，把棒子交給了當時擔任生技中心執行長的田蔚城博士，之後再由味丹企業董事長楊頭雄接任。在這個階段，除了發酵工業之外，逐漸有些製藥公司也加入了協會。

　　當時台灣已經有許多家藥廠，但主要是以銷售和進口代理為主，後來也逐漸進入了專利過期的學名藥的生產，包括永信、中化、信東、生達、杏輝等公司。學名藥的生產技術多以化學合成及化工純化技術為主，用到的生物科技並不多，但是後來歐美的藥廠在新藥開發的過程中，逐步導入了

1998 年理事長交接，由田蔚城理事長交接予楊頭雄理事長。

許多藥理、病理、細胞、藥物標的等與生物科技相關的方法，因此新藥開發及投入新藥的公司，也加入了生技產業的行列。

1988 年，衛生署實施藥廠 GMP 規範，希望提高藥廠的品質水準，與國際接軌，以進軍國際市場。但這也讓一些能力及資源不足的小藥廠無法繼續經營。而續存的學名藥廠在競爭十分激烈下，利潤微薄，營運也備感艱辛。因此除了學名藥，政府也希望協助這些藥廠轉型投入新藥研發。

以當時台灣藥廠的規模，無論就技術、人才、資金與法規的遵循等，與國際都還有相當大的差距，還有一段很長的路要走。因此，政府必須從法規修訂，支持新藥研究計劃著手，建立學研界的研發能量，一直到技術轉給企業承接進行商品化；此外也積極自國外延攬專家、培養人才，並開始建置有利於新藥開發、可以一棒接一棒跑下去的資本市場等。

從學名藥邁入新藥開發及創新醫材

為了建立學研界的生技研發能量，中央研究院先在 1993 年成立分子生物研究所（分生所）與生物醫學科學研究所（生醫所），這兩個研究所除了負有生物科學與醫學的

研究外，更要培育生醫相關的人才，以協助台灣發展以新藥開發為主的生物科技產業。其中分生所是以遺傳、免疫、病理與藥理的基礎研究為主，沈哲鯤院士是分生所成立後的第一任所長。

中研院生醫所則投入感染、癌症、心血管與新陳代謝等疾病的研究，且與台大、榮總及三軍總醫院等成立臨床醫學中心，希望透過結合基礎與臨床研究，可以讓研究往應用層面延伸。原在美國國家衛生研究院擔任研究員的吳成文則受到中研院院長吳大猷的延攬回國，擔任中研院生醫所第一任所長。

在這 10 年中，為了提供製藥業者的各項檢測服務，又成立了財團法人製藥工業技術發展中心。而為了建立一個擔負醫藥衛生政策、醫藥科技研發與人才培養機構，1991 年的國建六年計畫便將設立國家衛生研究院列為重點。1996 年國衛院成立時，聘請吳成文院士擔任第一任院長。此外，政府也陸續推出了多項整合型之生技醫藥國家型科技計劃。

1999 年，工研院也由李鍾熙博士領軍，以結合台灣優越的電子半導體來發展生醫產業為使命，成立了生物醫學工程中心，後改制為生醫所，全力投入生物晶片、生醫材料及醫療器材研發。二十年來，陸續由蘇新森、留忠正、邵耀華、

林啟萬接棒，總計從工研院衍生成立的有新穎、華聯、景凱、旭富、體學、竟天、健裕、奎克、台生材等約二十家生技及醫材新創公司，培養了超過三十位生技產業 CEO 人才。

此外，為了強化台灣在新藥開發臨床試驗的法規及審查能力，也成立了財團法人醫藥品查驗中心（CDE），陸續從國內外延攬了許多醫師，參與新藥法規的審查及輔導，為台灣建立了新藥研發所必須的基礎。

行政院通過「加強生物技術產業推動方案」

在上游學研界建立研發能量後，接下來是要推動產業化，將學研界的研發能順利移轉給企業承接。先是 1995 年行政院通過「加強生物技術產業推動方案」，除了運用行政院創投基金投資策略性的生技製藥公司，及取消生技業者技術作價的百分比上限，給予業者融資優惠外，最重要的是放寬生技業者上市上櫃的標準。這段期間也陸續成立了台醫、聯亞、神隆、基亞、健亞等公司。在生技創投方面則有誠信創投、中華開發等。

生物產業發展協會理事長的棒子，也在這時候從味丹公司楊頭雄董事長交到工研院生醫所所長李鍾熙的手上。他

接掌協會以後，就以「接力賽跑」來形容生技新藥產業的發展，認為新藥開發是高風險、高投資、高報酬，且長期與時間賽跑的產業，需要分階段在不同時間投入不同專長與資金，因此協會積極倡導開放國內資本市場，以提供生技產業籌募資金的機會。

1999 年，在當時工業局何美玥副局長的努力推動下，櫃買中心通過「科技事業申請上櫃」的規定，准許尚未獲利或是尚無收入的生技公司，只要通過工業局「產品開發成功且具市場性」的證明，即可申請掛牌上市，向投資大眾募集資金。這不但在亞洲是創舉，在全球各國也廖廖無幾，可以說是領風氣之先，也為後來生技類股旺盛的動力和表現立下重要基石。

人類基因定序完成草圖

進入千禧年，對全球生技產業影響最巨大的，莫過於英國首相布萊爾與美國總統柯林頓共同透過衛星連線，在 2000 年向全世界宣布「人類基因定序已經完成草圖」。隨著人類基因定序的完成，生技產業充滿新希望與新機會，醫藥界都在準備迎接個人化醫療的來臨；也就是說醫藥的開發

與治療，將可依據個人的基因特性而異，而這也等同預告將開啟精準醫療的世代。

在人類基因圖譜草圖公布，台灣也跟隨全球生技產業的步伐，由美國回台的學者專家結合國內的企業，開啟一波波投資生技產業的熱潮，這幾乎可說是台灣生技產業投資的黃金 10 年，包括賽亞、太景、華聯、藥華、台微體、宇昌、智擎、浩鼎等生技公司都是在這個時期成立。特別是台灣沒能趕上投資電子業的傳統產業集團，包括台塑、統一與永豐餘等，都是這一波生技產業的投資主力。

第一屆台灣生技月（Bio Taiwan）

在這一段時間，生物產業發展協會為了加速推動生物技術產業化，在 2003 年七月，由李鍾熙理事長發起在台北舉辦了第一屆國際性的大型生技活動「台灣生技月」。協會將原來已經存在的亞太生技投資高峰論壇（BioBusiness ASIA）、亞太經合會生物技術會議（APEC Biotechnology Conference）與台北生技展覽會（Bio Taipei Exhibition）結合在同一時間舉辦，希望能夠吸引國外藥廠、生技公司、投資人到台灣來，在短短幾天中能接觸到最多可能合作的對

2003 年第一屆台灣生技月開幕。

第一屆台灣生技月展出複製羊。

象。第一屆生技月舉辦就獲得政府及產業界的熱烈迴響，也引起全國上下對生物科技的興趣。

同一時期，中研院為了帶動台灣生技產業的發展，還於2003年成立基因體中心，邀請翁啟惠院士擔任第一任主任。後來翁啟惠也在2006年接任李遠哲成為中研院第七任院長。基因體中心可說是由時任中研院院長的李遠哲所催生，且基因體中心除了要開發新的藥物或技術外，還設有育成中心，以期能將研發成果技術移轉給新創生技公司。

2004年第二屆台灣生技月呂秀蓮副總統出席開幕典禮。

2004 年協會 15 週年慶，創會理事長蘇遠志教授、田蔚城榮譽理事及李鍾熙理事長切蛋糕慶生。

史丹佛台灣生醫合作 STB 計劃

　　2007 年科技部推動了「台灣－史丹福醫療器材產品設計之人才培訓計畫」（Stanford-Taiwan Biomedical Fellowship Program，簡稱 STB 計畫），連結了美國史丹福大學以及矽谷社群資源，開始推動醫療器材國際化商品化人才培育的工作。透過史丹福大學的專業引導，以及連結矽谷創新創業環境和資源，培育來自我國優秀的學員，最終希望這些學員回到台灣之後，將所學貢獻於台灣的醫療器材產業的發展。

Biotechnology Innovation
and Industry Transformation

至 2017 年，已完成了 43 位 STB 學者美國史丹福大學為期一年的訓練，造就了 18 家醫療器材新創公司的成立，累積了新台幣 13 億元的實收資本額，除了帶回來矽谷的新創思維、人脈及創業家精神，更激發出台灣醫材創新加速器的成立契機。

啟動「與政府有約」溝通平台

除了生技月之外，協會為促進產業界與政府的雙向溝

「與政府有約」活動邀請農委會陳吉仲主委（左 2）演講（2017）。

通，開始每季舉辦「與政府有約」餐會，邀請各部會首長就生技產業施政重點，與產業界近距離交流，不論是產業政策、醫藥法規、研發補助、生技投資等都是大家熱烈討論的議題。

歷年來，受邀參加生物產業協會「與政府有約」活動的政府相關部會首長包括：衛福部、食藥署（Taiwan FDA）、醫事司、農委會、科技部、國發基金、財政部、經濟部、工業局、技術處、中小企業處、櫃買中心等，對於促進生技政策的訂定、法規的修改、執行的效率，以及產業界對法規及政策的了解和依循，均有很大的幫助。

「與政府有約」活動邀請食藥署吳秀梅署長（右5）演講（2017）。

新藥研發產業成立 TRPMA

隨著產業發展，愈來愈多生技新藥公司成立，2012 年底由東洋、友華、杏輝、健喬信元、美時、生達等國內大藥廠結合太景、基亞、智擎、台灣微脂體及台灣浩鼎等幾家生技新藥研發公司與永豐餘集團主導的上智生技創投，共同發起成立了台灣研發型生技新藥發展協會（TRPMA）。

TRPMA 的任務是希望能建立生技新藥產業平台，支持全民健保與藥政管理政策，加強產、官、學溝通與資源整合，協助政府訂定法規，作為台灣與全球新藥的研發，產業鏈的合作窗口

大分子生技藥物興起

隨著全球新藥研發的腳步，以細胞或微生物生產蛋白質等大分子藥物的技術更加成熟，台灣的新藥研發產業也從化學合成的小分子藥物，進入到大分子生技藥物的開發和生產，逐步從零到今天已有數十家生技公司投入在生技藥物的研發和生產業務。

位於汐止的財團法人生物技術開發中心（DCB），原來

DCB 衍生公司——台康生技成立記者會。

就已建立了不錯的生技藥物的團隊和試驗工廠。2012 年，在時任 DCB 董事長李鍾熙及執行長汪嘉林的努力下，將「催生台灣蛋白質藥物產業」訂為該中心的五年策略目標，並獲得經濟部技術處支持，成立大型科專計劃，積極投入雙特異及 ADC 等生技新藥開發及工程技術，也陸續技轉成立了數家新創生技公司，培育新一代的生技人才。

　　此外，也將 DCB 原有的試驗工廠及團隊 spin-off，成為台灣第一家以蛋白質藥物委託研發及生產（CDMO）為核心業務的公司——台康生技公司，並獲得行政院國發基金投資，期許台康成為未來生技產業的台積電。幾年下來，新增的

生技藥物公司除了台康，還有中裕、全福、浩鼎、醣聯、逸達、永昕、泰福、逸達、有聯、台生藥等，以及不少的新創公司。除了大分子生技藥物之外，生技中心也衍生成立了尖端生技、昌達、生華、利統、啟弘、邁高等十多家生技公司。

生技產業策進會成立

國家生技醫療產業策進會（生策會）在 2002 年前立法院院長王金平推動成立，以「生技醫療升級，全民健康加分」為成立宗旨。相繼舉辦「國家生技醫療品質獎」、「國家品質標章」、「國家新創獎」等，期望厚植產業品質與新創研發力，生策會同時也致力推動政府各項生技政策。2019年中研院翁啟惠院士榮任生策會新任會長，他表示生策會未來將加速台灣醫療及電子資通訊、生技製藥產業合作，架構溝通平台。

立法院通過「生技新藥產業發展條例」

在這一段生技業的黃金時期，政府除了在 2005 年成立生技產業策略諮詢委員會，期能為台灣生技產業發展擘畫未

來，並建構政府相關單位與學研界及產業界的對話平台外，更重要的是在 2007 年以特別法的方式，用 4 天的時間，完成「生技新藥產業發展條例」草案，並協請立法院長王金平領銜，用逕付二讀的方式，趕在立法院會期結束前通過三讀。該條例除了對生技新藥產業的投資、研發及人才培訓給予大幅獎勵之外，也開放擁有技術的公務員，可以在技術移轉給企業時取得合理股權，並得出任企業的董事或科技諮詢委員，解除原來對公務員的限制，也解決了技術股課稅的問題。

協會與工研院一起參與全球 BIO 展，簡義忠祕書長與工研院同仁合影（2003）。

何壽川總裁（左三）擔任協會第九屆理事長。

2006 年，生物產業協會選出新任理事長何壽川，並聘請林美雪博士擔任祕書長。2008 年，行政院推出「生技起飛鑽石行動方案」，基本上仍然針對投資促進、研發補助、法規改進、人才培育、科技轉譯等面向支持生技產業發展。後來並設立新創育成中心 SI2C，延攬海外專家蘇懷仁回台主持，對於推動基礎研究產業化有相當多助益。

新規畫生技園區提供基礎設施

隨著生技公司的投資家數增多，生技園區的需求也逐

漸浮上檯面，先是在 2003 年，政府通過「新竹生物醫學園區」的計畫，並在 2009 年動土，但一直到 2016 年，僅有少數廠商開始遷入，而預定進駐的台大醫院尚未開始興建。新竹園區將以發展結合竹科電子半導體的生醫科技為特色。

中研院也在 2007 年提出，將台北南港 202 兵工廠區開發成為國家生技研究園區。不過，國家生技研究園區計劃提出後，因受到環保人士，包括作家張曉風等的質疑，計畫及經費數度調整，最後在允設立生態保留區後，總算在完成環評後動土興建，並於 2018 年底完成。國家生技研究園區將以「轉譯醫學」與生技醫藥為發展主力，要提供基礎研究銜接到動物及臨床試驗階段，研發成果再交由園區周邊進行產品開發及量產的平台，以強化價值鏈第二棒的產業研發能量，達成建構台灣創新研發走廊的目標。

頒發「傑出生技產業獎」

2011 年，何壽川理事長御任，李鍾熙重做馮婦，再度接任協會理事長，並請黃博輝博士擔任祕書長。為表揚績效卓越及深具潛力的生技公司或學研機構，協會舉辦「傑出生技產業獎」，共分為以獎勵發展策略、科技創新且經營績效

傑出之生技公司的「傑出生技產業金質獎」；獎勵在台設立不超過 10 年或上年度營業額新台幣三億元以下，未來發展潛力傑出、前景可期之生技公司的「潛力標竿獎」；「年度產業創新獎」則是獎勵前一年度上市或完成技術移轉之最具創新性產品或技術。

傑出生技產業獎舉辦以來，參選件數均逐年上升，曾獲金質獎單位包括台灣神隆、精華光學、智擎、聯合骨科、大江生醫、正瀚、太景等業界佼佼者，潛力標竿獎單位則有台灣浩鼎、杏國、藥華、台康、逸達等公司。

而從此獎項參賽公司亦見證產業多元發展，2019 年即

有近六十家單位／技術參賽，涵蓋領域從新藥、細胞治療、創新醫材等，乃至檢測診斷技術儀器、分子檢測、農業生技及健康食品等，顯示台灣生技產業在各領域的蓬勃發展。

歷年傑出生技產業獎得獎名單

年度	傑出生技產業金質獎	潛力標竿獎
2012	台灣神隆（股）公司	瑞寶基因（股）公司
2013	台灣東洋藥品（股）公司	台灣浩鼎生技（股）公司
2014	生達化學製藥（股）公司 精華光學（股）公司	杏國新藥（股）公司 泉盛生物科技（股）公司 因華生技製藥（股）公司
2015	南光化學製藥（股）公司	太景生物科技（股）公司 藥華醫藥（股）公司
2016	智擎生技製藥（股）公司 聯合骨科器材（股）公司	順天醫藥生技（股）公司 生控基因疫苗（股）公司
2017	大江生醫（股）公司	聯合生物製藥（股）公司 台康生技（股）公司
2018	正瀚生技（股）公司 太景生物科技（股）公司	逸達生物科技（股）公司 台灣微創醫療器材（股）公司
2019	美時化學製藥（股）公司 邦特生物科技（股）公司 葡萄王生技（股）公司	免疫功坊（股）公司 行動基因生技（股）公司 益福生醫（股）公司

Biotechnology Innovation
and Industry Transformation

杏國榮獲傑出生技產業獎──潛力標竿獎（2014）。

蔡英文總統頒獎予傑出生技產業獎所有獲獎單位（2019）。

陳垣崇事件影響科技產業化

政府、學術界與產業在 2000 年之後，幾乎是全員動起來了，但生技產業的發展自此才要進入產業發展的陣痛與考驗期。2010 年 6 月，中研院生醫所所長陳垣崇因為其產學合作涉及圖利而遭到檢調搜索，震驚學界與企業界。

陳垣崇是龐貝氏症上市藥物的發明人，美國《愛的代價》這部電影就是講述當年這個新藥研發的故事。雖然檢方在 2011 年以陳垣崇並沒有圖利的犯意而以不起訴結案，但陳垣崇事件卻突顯了困擾學界多年與技術移轉相關的法制問題。2011 年年底，在國科會的努力下，立法院通過「科學技術基本法」，才逐步解決台灣學界科研成果的技術移轉問題。

宇昌案讓生技染上政治色彩

陳垣崇事件後，生技產業發展的考驗又接踵而至。先是 2011 年年底發生的宇昌案，就因為事涉總統大選的敏感政治議題，讓投資人對投資生技產業為之卻步；接著在 2014 及 2016 年又相繼發生基亞與浩鼎公司因為臨床試驗解盲失利，導致股價重挫，更讓台灣生技產業資本市場宛如進入冷

凍庫。

2007 年成立的宇昌公司，原擬取得美國 Genentech 公司的 TNX-355 的授權，以作為台灣開發新藥進軍國際市場的先鋒。但因為宇昌募資期間，企業界的認募不足，宇昌創辦人何大一等人找上剛從行政院副院長退職的蔡英文，希望蔡英文能支持參與宇昌的投資並出任董事長。蔡英文雖然在 2008 年因為接下民進黨黨主席，而將持有的股份轉售給潤泰集團，但 2011 年年底，蔡英文仍遭到特偵組以違反公務員旋轉門條例而進行偵查，直到 2012 年特偵組才以查無不法而結案。

宇昌案發生後，宇昌改組更名為中裕生技公司，中裕開發新藥的腳步並未停歇，2018 年中裕的新藥 TMB-355（Trogarzo）並獲美國 FDA 核准上市，成為全球愛滋病（HIV）領域第一個被核准的蛋白質新藥。事實上，與民眾生活品質及健康照護息息相關的生技產業，向來就受到各執政黨的支持，這也可以從歷屆生技月的展覽，無論是哪一個政黨的總統、副總統或者行政院長，都會親臨現場而可以看得出來。

宇昌案後雖然讓國內的生技產業沉寂一段時間，但隨著國際生物科技及產業的蓬勃發展，2014 年國內新藥產業又是一片榮景。

基亞三期臨床試驗失敗股價慘跌

正當基亞公司的股價來到每股 486 元，市場原本期待要看到第一家新藥類股站上 500 元時，卻因為基亞公司研發中的肝癌新藥 PI-88，在臨床三期試驗解盲失後，股價連跌 19 天，成為拖累生技類股的元凶，重創台灣的生技新藥產業。

這個案例為台灣投資人上了第一課生技產業的「高風險」，臨床試驗及解盲也成為股市關心了解的重要課題，在短短幾個月，連菜籃族的阿嬤投資人對新藥三期臨床試驗都能朗朗上口，可以說是對社會最快的機會教育。大家也更了解到生技公司 Pipeline（尚在開發中的產品）的重要性，一個公司才不會只因為一個產品的失敗讓整個公司面臨重大危機。

在政府方面，最關心的則是投資人的保護，因此就生技公司資訊揭露的正確性希望加以規範，以減少炒做股票的可能。唯當時櫃買中心提出的所謂「基亞條款」，對於上櫃公司資訊揭露加以大幅限縮，不但造成業界困擾，也反使投資人獲得的資訊更少，且生技產業的實質風險並不會因此降低，這個外行的作法不但無效，也成為國際笑柄。

浩鼎新藥解盲引發股市爭議

　　在基亞事件後，2015 年 3 月以每股 310 元掛牌上櫃的浩鼎，藉由乳癌新藥 OBI-822 從中研院院長翁啟惠獲得技轉，可能成為全球第一個針對乳癌病人提供主動免疫療法的潛力，可望帶來爆發性的商機，再加上又被納入 MSCI 成分股，在 2015 年 12 月創下每股 755 元的高價。但隨後在 2016 年 2 月，因為解盲失敗，加上其後又陸續爆發內線交易疑雲，內部人在解盲前出售持股等利空因素衝擊，股價連破新低，至今還未能回到上櫃的價格。

　　基亞與浩鼎兩家生技新藥公司的股價飆漲後又重挫，

指數走勢

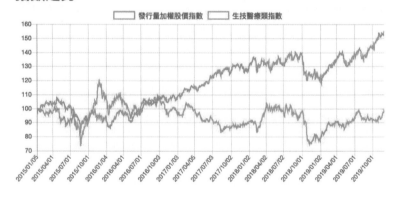

近年生技醫療類指數與大盤比較圖。（資料來源：台灣指數公司網站）

不免讓生技新藥公司蒙上陰影，新藥公司究竟是具有「本夢
比」，或者是「炒作股價」，成為大家熱烈討論的議題。這
個認知也將主導未來台灣生技新藥公司在台灣投資市場的發
展，甚而影響生技新藥公司的籌資與研發投入。

每日生技要聞，直達會員手中

　　為讓會員生技新聞不漏接，協會每天均整理 5~7 則最
新生技要聞，透過 Email 方式，在一早上班時間就送到會員
手中。目前訂閱每日生技新聞的會員已近千名，是協會最受
會員歡迎的服務之一。

積極參與全球 BIO 等國際活動

　　為拓展產業國際合作機會，協會代表台灣加入國
際 生 技 協 會 組 織（International Council of Biotechnology
Associations, ICBA），並自 2002 年即積極參與每年在美國
舉行，國際最盛大的全球生物科技大會（BIO International
Convention）。不僅李鍾熙理事長曾於 2002 年代表台灣出席
「亞太生技投資論壇」，2016 年開始在政府各部會支持下，

協會與賓州及紐澤西州生物協會簽訂 MOU（2015）。

由協會代表與全球 BIO 協會研商在台灣共同舉辦亞洲生技大會的可能性，終至促成 2019 年亞洲生技大會在台舉辦。

　除全球生物科技大會外，國際其它重要活動，協會亦不缺席。不論是每年春季、秋季輪流在歐洲各城市舉行，以媒合為主的歐洲最大生技展會 Bio Europe；或是每年 10 月於日本橫濱舉行的日本生技大展（Bio Japan）、每年 4 月於韓國舉行的韓國生技大展（Bio Korea），協會都是其在台合作夥伴，並常代表台灣在其所舉行的論壇中發表演說或參與議題座談。

　協會透過與各國生技協會的良好互動關係，每年在各大

協會與國經協會共同組成生技訪歐團，參訪比利時、瑞士、荷蘭、德國
（2017）。

協會與全球 BIO 協會於台灣館宣布 2019 年亞洲生技大會在台舉行。

展會的攤位設置、一對一商機媒合洽談、發送協會會員名錄等，推廣台灣生技月及國內產業，增加產業國外曝光機會。協會也多次籌辦海外參訪團，如 2017 年生技訪歐團，參訪比利時、瑞士、荷蘭等國家生技公司，促成產業國際合作機會。

協會成立產業深耕學院

生技公司的資本市場因接連受到基亞與浩鼎事件的影響，宛如像一個冷凍庫，但生技產業展協會協助產業發展的腳步，還是持續向前，由台糖公司董事長的陳昭義接任理事

生技產業深耕學院榮獲「國家人才發展獎」（2019）。

長，持續推動產業發展，尤其在產業實務的人才培訓方面，正式跨出一大步，在 2015 年成立了「生技產業深耕學院」。

回憶起協會設立深耕學院的歷程，學院的共同創辦人協會副理事長馬海怡博士說，那是她與祥翊製藥董事長吳永連有一次在牛排館聚會時，提到神隆在台灣創立，一路自己培訓人才的艱苦，希望能夠幫助其他公司避免重蹈困境，所以兩人才共同提案成立產業深耕學院，且獲得台灣生物產業協會前後任理事長的大力支持，也獲得生技醫藥產業界的積極贊助。

深耕學院為了培養生技產業界的實務人才，不但課程的內容依據產業界的需求，不斷地推陳出新，講師也多從國內外產業界延聘。更令人感動的是許多學員都是利用週末全天上課，連續六到八週，非常辛苦，卻是堂堂爆滿，鮮少缺席，連生技中心、國衛院與工研院等的研究機構，也將深耕學院作為新進同仁的訓練課程。此外，透過深耕學院，讓參加的學員建立人脈網絡，透過這個連結，未來就更有機會為台灣的生技產業激盪出更多的火花。

從開辦至今，學院也陸續獲得各界肯定，2017 年導入 TTQS（人才發展品質管理系統）並於同年獲勞動部評核通過：銅牌獎。2019 年更進一步榮獲人力資源領域的國家級最高獎項「國家人才發展獎」殊榮。

Biotechnology Innovation
and Industry Transformation

生技新藥條例修法，納入新興生技產業

　　2016 年蔡英文當選為總統後，將生醫產業列入政府優先的「5+2 產業創新方案」中，並隨之通過「生醫產業創新推動方案」，希望能完善我國的生技產業生態體系，加速我國的生技產業發展。其中第一項成效便是完成了延宕多年的生技新藥條例修法。

　　為了擴大生技新藥產業的基盤及獎勵範圍，並跟上全球新興生物科技發展的腳步，台灣生物產業協會研擬了修法建議，並多次奔走拜訪立法院各黨派相關委員，安排公聽會，並向經濟部工業局說明修法方案及必要性。終於在 2017 年獲

台灣生技月 Biobuddies 合唱團於生技月晚宴表演（2017）。

得通過，將精準醫療、細胞治療、細胞治療等新興生物科技列入獎勵範圍，並修改擴大醫藥及高階醫材的獎勵條件。這次修法為後續台灣發展先進的生技產業，打開了一條新路。

台灣精準醫療產業協會（PMMD）成立

原來隸屬於台灣生物產業協會（Taiwan BIO）的分子檢測精準醫療聯盟，在經過兩年多的運作之後，於 2018 年正式登記成為台灣精準醫療及分子檢測產業協會，李鍾熙獲選為第一任理事長。精準醫療係緣於人類基因定序計劃，以基因檢測及標靶藥物在癌症的應用為起點，未來發展空間遼

台灣精準醫療產業協會（PMMD）成立。（照片提供：環球生技）

關，因此成立時即有七十多家公司及機構加入為團體會員，包括行動基因、慧智、體學、創源、基龍米克斯、基康、華聯、麗寶、康健、金萬林、賽亞、奎克、世基、博鍊等反應十分熱烈。

除了基因及分子檢測之外，台灣的新藥公司也逐漸切入癌症標靶及免疫治療藥物的開發，並利用基因等生物標記來引導藥物創新及臨床試驗的設計。由於部分標靶藥物專利即將過期，台灣藥廠如中化等，也展開標靶藥物學名藥的開發。

衛福部公布細胞治療特管辦法

2018 年衛福部並公布「特定醫療技術檢查檢驗醫療儀器施行或使用管理辦法」，開放 6 項細胞治療，為我國邁入精準醫療跨出一大步。在可預期的未來幾年，伴隨精準醫療的檢測、治療、預後管理與疾病預防等，將成為國內生技產業的顯學。這個特管辦法目前雖僅限於自體細胞的臨床應用，但也讓台灣進入了細胞治療領域的國際領先群。

伴隨著特管辦法的是新興的細胞治療及再生醫學產業的誕生。在短短的三年內，台灣出現了二十多家新生技公司，投入在癌症的各種細胞治療科技的開發及臨床應用，如仲

恩、世福、基亞、台寶、震泰、育世博、訊聯、長聖、富禾、瑪旺、國璽、三顧、宣捷、路迦等，這些公司多與各醫學中心結合共同研發，邁向新一波生技產業。

南港國家生技園區落成

歷經四任總統、兩任中研院院長鍥而不捨的規劃推動，座落在南港的國家生技研究園區在 2018 年落成啟用，透過跨部會共同支持，包括中研院參與轉譯醫學的應用研發，科技部支援臨床動物試驗，經濟部扮演鏈結學研和產業的關鍵角色，衛福部擔任新興醫藥產品法規諮詢；並藉由創新育成，吸引新興生技醫藥公司進駐，形成群聚效應，帶動整體產業的創新發展。未來則希望串聯新竹生醫園區，以及北中南各地的企業、臨床及研究機構，成為「國家級生醫產業廊帶鏈」。

2018 年生技產業獲利創新高

就營業額及獲利而言，台灣和全球生技產業一樣，都遠低於資本市場的市值，但卻逐年看到進展。依據環球生技的

統計報導，台灣生技產業獲利在 2018 年 Q4 創下歷史新高，且比歷史次高的 2015 年 Q4 還要高出 43%。就 2018 全年而言，比前一年 2017 成長了 89%，預計 2019 會再持續成長。其中獲利成長超過 50% 的公司有 25 家，包括泰博、晟德、精華、大江、永信、生展等。未來尚有蓄勢待發的智擎、中裕等已獲證進入市場的公司，前景可期。

亞洲生技大會首度來台舉辦

經多年爭取，亞洲生技大會（BIO Asia）2019 年由協會

2019 亞洲生技大會吸引許多國際藥廠與國家設置主題館。

2019 年亞洲生技大會，吳政忠政委、大會籌委會及國際指導小組
（International Advisory Committee）代表合影。

協會同仁與全球 BIO 主席 James Greenwood 合影。

Biotechnology Innovation
and Industry Transformation

與全球 BIO 生技協會共同在台灣舉辦。全球 BIO 生技協會總裁葛林伍德（Greenwood）特別親臨台灣，蔡英文總統也親自出席開幕典禮表達對活動支持。此次活動共吸引全球 25 國家、超過 1,500 位參與國際論壇。並首次採用全球 BIO 一對一商機媒合平台（One-on-One Partnering），達成 2,000 場次的媒合，如此佳績也讓全球 BIO 十分驚豔台灣生醫產業的國際化能量，是台灣生技產業國際化合作的里程碑。

　　走過三十年的生物產業發展協會，從創會時一百多位個人會員，到現在每日發送三千多則生技要聞，有一千多位通訊會員，以及會員的更迭，是從食品、化學合成、農業生技等為主幹，再到今日囊括基因工程、精準醫療、生技新藥、醫療器材與農業及食品生技等，幾可說見證了我國這三十年來的生技產業的發展。財團法人食品工業研究所所長廖啟成認為，三十年來，協會在創造一個國內外產業溝通與交流的平台，促成產業合作，以及設立獎項，獎勵具有潛力或已經做得好的業者，讓業者具有參與感等，確實有相當的貢獻。

　　值此生物產業發展協會三十而立之年，協會理事長李鍾熙說，協會當前的工作，主要在國際化、推動政策、訓練人才及獎勵產業發展上，其中每年一度的生技月，已經被國內外的生技與投資業界，作為尋找國內產業新秀最佳平台；而

協會也透過一年四至五次的與政府有約的聚會，向政府主要的主管官員提出政策推動的建言。至於深耕學院的設置，是為了替產業界培訓人才，產業標竿獎的選拔，更是要獎勵產業界的明日之星。

　　人生三十年，足以讓人從嬰兒茁壯成壯年，但三十年的人生歷程，難免中間有許多跌跌撞撞；同樣地，看盡生技產業這三十年的發展，或許我國生技產業發展的斜率不似電子科技般的陡峭，但開枝散葉的生技產業，蘊藏在國內從科研到民間企業的力量與資源，或者正在蓄勢待發，找回對生技產業發展的熱情，將是成立三十年的生物產業發展協會未來的重要工作方向。

第十五屆協會理監事合影。

Chapter 2

站在生技產業關鍵時刻
——我們學到什麼？面對什麼挑戰？

創投看生技

　　生技創業投資是投資生技的專家，在生技創投專家的眼光中，台灣生技業要採行何種策略，才能有勝出的機會？政府在政策上該如何型塑友善產業發展的環境？請見下列 4 位生技投資專家的看法：

突破傳統製造業或代工的思維

上騰生技董事長｜張鴻仁

　　台灣生物產業發展協會三十年，見證了台灣為了要突破以代工為主的製造業，進入創新產業的一段艱辛歷史。

　　要了解這段辛苦的歷程，首先在觀念上要設法突破傳統製造業或代工產業的思維。我常舉例子來說明創新產業

和傳統製造代工業的最大差別，有三家公司，A 公司營業額
1,000 億賺 50 億；B 公司營業額 100 億也賺 50 億；C 公司沒
有營業額，也賺 50 億（來自授權金）。A 公司是傳統的製
造 / 代工業，B 公司是屬販售創新產品的公司，所以有高利
潤；C 公司在研發期間就把產品權利賣掉，坐收權利金。

　　強調製造的地方，官方統計最重要的是產值，所以 A
公司最重要。但是，只看產值，就忽視了 B、C 這兩類公司
的價值，所以創新型產業的價值，其市值（Market Cap）比
營業額重要。A 型的公司最重要的是便宜的土地、勞工，以
及上中下游的鏈結。而創新型的公司需要的是高階人才、完
善的法規制度，對智慧財產權的保護，以及友善而有效率的
資本市場。

　　過去我們製造業的基因太強，因此資本市場是非常不利
於創新型產業的發展，尤其是需要長時間研發投入，才能跨
過「現金流死亡之谷」的生技新藥產業。這類產業發展需要
資本市場能認同這些還在燒錢的公司是在創造未來的價值。
沒有這樣的觀念突破，整體生技新藥產業的發展還是會非常
辛苦。

　　環境雖然艱苦，但政府過去的政策仍有幾個大方向是
對的。例如國發基金從一九九〇年代開始，投資生技新藥公

司，後來鼓勵民間資金成立創投公司；經濟部制定「生技新藥產業發展條例」，讓研發型的生技公司，可以用科技股上市（櫃）。這些政策引導了民間資金的投入，吸引了許多留美多年的人才回國創業，所以台灣才有今天的格局。以上市／上櫃／興櫃為例，各類型的生技公司就有將近二百家。

　　只是資本市場在上一波因遭逢基亞與浩鼎解盲失利的衝擊，投資人還沒有從傷痛中恢復，市場還需要一段時間去找回信心。雪上加霜的是主管機關面對這些危機，祭出的是加強管制及司法重器，使得整體生技醫療的資本市場急速冷

台灣生技月 亞洲生技商機高峰論壇邀請國際創投 VIVO 及專業媒體 BIOCentury 擔任講者（2015）。

凍，讓大部分研發型的公司面臨資金斷炊的危機。但是只要是對的政策，就該堅持下去，不要理會外部的雜音，例如：當年政府開辦全民健保制度，就面對各界排山倒海而來的批評，但一路走來堅持對的政策，今日全民健保不但是台灣民眾的守護神，並成為世界各國學習的標竿。

去年（2018 年）底，衛福部頒布了細胞治療的特管辦法，這一個法規鬆綁，立刻帶動研發各種細胞療法的公司紛紛成立，而更令人振奮的是衛福部將整合現有人體生物資料庫，建置「國家級人體生物資料庫整合平台」。如果再加上超過二十年的全民健保資料庫、癌症登記、國民健康調查，這些寶藏是未來發展精準醫療、智慧醫療、新診斷與新醫療技術，以及人工智慧各種應用的重要平台。我們可將這樣的平台看成一個「虛擬的科學園區」。

三十多年前新竹科學園區帶動了電子通訊產業的發展，促使台灣經濟突破中等收入陷阱。要迎接下一個階段的經濟發展，電子業要大膽的和生技醫藥產業結合，像最近陽明大學和交通大學進行合併，若能順利成功，將是台灣兩大「學門」結合的重大里程碑。將電子／資通訊產業與生醫結合，未來一定可以在「虛擬的科學園區」上耕耘、成長茁壯。

學習如何投資高風險高報酬的生技產業

台杉投資生技事業負責人｜沈志隆

　　從 2000 年至今，台灣的生技產業發展算是有些成功，因為資金、人才與技術投入到產業，產業有在往前進，與日本、韓國、香港與中國大陸等國相比，產業做得比較紮實。不過，因基亞與浩鼎案，有些投資大戶受到影響而退場，現階段資金動能萎縮是一個主要的問題。

　　台杉基本上是與創投做不一樣的事。第一、台杉是有國家支持的民間公司；第二、台杉是要為台灣生技產業的發展完整布局，以及第三、台杉是專業經理人與產業菁英、人脈的鏈結。因此，台杉是要針對台灣欠缺的項目，透過投資布局，協助國內公司與國外合作。同時，因為台杉的基金規模夠，有能力也有承諾要進行創投的人才培訓，希望未來 3~5

年就可以對台灣生技產業帶來一些發酵。

2000 年到 2010 年，可以說是台灣生技產業練兵的時代，讓生技產業團隊已經具備一些經驗，這些經驗現在正是該開花結果的時期。以美國為例，生技產業從 1976 年開始都是虧損的，直到 2007 年美國整體生技產業盈餘才轉為正。美國生技產業發展的模式正是台灣學習的經驗。

美國對創新型藥物，無論是大分子、小分子及精準醫療等，政府投入資源很多，企業界也投入很多，但技術還有待加強。台灣的研究與技術開發都已經累積相當多的經驗，公司管理也都很上軌道，相比許多日本的中小型生技公司，台灣有一定的領先。只是在技術創新上，台灣還需要努力趕上日本。

以台杉的基金只有 2 億美元的規模，在美國生技業界並不能算是大型的創投。但台灣還是可以透過資金的直接投資與產業的國際人脈，與美國生技產業好的團隊及公司合作，並可依此連接到如日本的市場。台杉生技基金經過這一年多以來的努力，在美國及台灣都找到不錯的投資標的與合作夥伴，也因為透過創投的鏈結，目前台杉在美國東岸已經小有名氣。台杉希望透過對優秀生技公司的直接投資，補足台灣生技產業在國際臨床合作、市場行銷開發等不足的部分。帶

領台灣的團隊走向國際，並且把國際的新技術帶回台灣。

台灣其實不缺資金，但一般投資人對生技產業背後的風險，以及如何評估生技業所創造的價值，確實存在著斷層。台灣欠缺了解生技產業的投資者，因此，對投資人的訓練就相對重要。必須要教會投資人看到研發型公司的價值，才有可能讓資本市場的動能回復。台杉目前持續在進行創投人才的培訓，就是希望能夠讓金融、創投，甚至是一些大公司，對生技產業的投資，從選題、市場、公司治理及產品規劃，都能夠有深入且系統的了解，這樣生技產業才會進入到投資

台灣生技月生物科技大展（2010）。

名單上，才能有資金注入，市場才能活絡。

　　台灣的生技產業發展，受到幾個大事件影響。例如像浩鼎案發生後，資本市場主管機關對於訊息的揭露做了更多的限制。但對新藥研發公司來說，僅是一個例行且必須要做的嘗試性試驗，並不會影響投資人，卻也必須上重大訊息公告。投資人看到公司發布重大訊息，在不熟悉產業生態的前提下，自然會以為公司產品開發或是新藥製程是否有問題。這對產業的發展是不健康的。

　　以創投的角度來說，政府在資本市場的管理上，主要是要做好建立平台的角色。高風險的投資，可以規範要求投資者必須簽署聲明書，聲明自己有一定的財產可以承擔風險性高的股票，如此才能使資金相對穩定。

　　台灣現有的資本市場，投資人往往著重在短期效益的回收，而生技業卻是一個需要有較長時間發展的產業。在資本市場不能了解生技產業的特性，也無法對生技公司的價值評量下，台灣資本市場很難為生技業帶來活水。但也因為資金面的短缺，加上台灣內需市場小，台灣的生技產業要存活，選題，就是相當重要的關鍵。而經過幾十年的發展，台灣生技業者為了市場競爭，在選題上已經培養出不錯的能力。而選對了題，就可以後續帶動製藥生產、國際行銷合作，完整

台灣生技產業上中下游生態鏈的永續發展。

　　台灣生技產業已經花了將近 20 年的時間，從產業的基礎建立、人才培育、學研單位研發能力的提升，不但是產業有經驗，政府也有決心持續的投入。相信未來在資金的抱注下，絕對能帶動台灣生技產業新一波的發展。

尋求國際合作，站在巨人的肩膀上前進

晟德董事長｜林榮錦

　　知識經濟時代，台灣要發展新藥產業並沒有錯，但面對短、少、淺的資本市場，要支持需要長期發展的新藥，台灣的資本市場難以單獨支持。因此，要發展新藥，必須找到有價值的品項，整合國際資源共同開發，與國際共享繁榮。所以，就人力、

資源、市場、法規與財務等，都需要放寬心胸，尋求與國際合作的機會。

尤其台灣本土市場不夠大，必須進入別的國家市場，國際合作就更重要，才有機會站在外國的肩膀上進入市場。生技業經營者的責任，除了找到好的品項，尋求國際合作的機會外，還要平衡長短期的發展策略，且控管好現金流，只要有正向的現金流，公司就有機會走下去。此外，拿到藥證並非就是萬靈丹，必須還要做產品生命周期的管理，除了對產品市場再定位外，更重要的是還要做很多的試驗，提出數據證實藥品的效能，才能說服醫生願意採用。

台灣的新藥研發要重新定位，過去往往到國外拿授權，花高額的代價，就算做得出來，如果賣不出去也沒有用，因此，生技公司在開發新藥時，應當先問自己「市場在哪裡」。

政府的政策，基本上方向是對的，就應當要堅持下去，為了產業的良性發展，該被淘汰的公司就該被淘汰，該有的法規政策還是要維持。我們現在看台積電，也是用將近40年的歲月，才有今日的成績。只要政策對，團隊對，資本市場也能支持，再加上與國際合作，台灣生技業絕對有未來。

台灣在創造力上需要再加大力度

維梧資本創投｜馬海怡 博士

　　從學研界的開發到商品化，新藥開發是一條漫長的道路，台灣在人才上雖然已經慢慢有了，且再生醫學相關的法規也逐漸完備，與歐美國家相比，並不會輸在起跑點上；但是，如果將 40 多家台灣新藥開發公司與美國公司相比，卻發現雖然台灣新藥公司的 Profile 幾乎與美國差異不大，但是台灣新藥開發的能力，難以比美國快，那麼，台灣在創造力上，就需要再加大力度了。

　　台灣投入新藥開發，如果要從頭做到將藥品成功取得藥證並上市，以台灣本土市場不夠大，且對主要市場，如美國、歐洲與日本的了解度都有限下，這不見得是好的策略。

　　事實上，取得藥證也不一定能賣得好，以美國為例，通過
FDA 的審查取得藥證，也不一定能賣。因為新藥要賣，需要
參與美國 3 家保險公司的競標，藥廠必須證明自己的藥比別
的廠家好，但就算真比別人好，也要美國的醫生願意採用。

　　對於新藥開發，或許台灣廠商比較好的策略是做到臨床
一或臨床二期後，就能將藥授權給國外的廠商，但這需要為
「新藥」找個好婆家，也就是要能談到一個好的合作契約，
避免國外的競爭對手授權後，就將「新藥」束之高閣，讓
「新藥」永遠沒有辦法在市場競爭。只要台灣能強化生技
的商業與談判的人才，以台灣現有的技術與人才，還是有機
會成為國際大藥廠的新藥開發的合作夥伴。

　　過去在政府的支持下，生技產業確實被慢慢養大，在
產業成長的過程，難免會有一些不了解產業的人一窩蜂的投
資，如今隨著產業慢慢的成熟，投資也會趨於理性，投資人
也會了解生技產業並不是一夕爆富的產業，畢竟 100 個新藥
能開發成功的，可能沒幾個。

　　事實上，台灣生技公司的市值比美國高，這應當讓我
們自問，台灣的生技公司能有什麼樣的競爭條件可以享有較
高的市值。因此，投資人看台灣的生技公司，還是要問生技
公司經營團隊的執行力，公司的開發進度是否符合預訂的速

度，以及所開發的產品具有哪些優勢，不可以盲目的投資。只要投資人能了解生技公司的價值與優勢，那麼，類似基亞與浩鼎公司因為新藥解盲不如預期，就對整體生技類股的股價造成衝擊的情況，就會一次比一次小。

歐美國家發展生技產業已經有 200 多年，台灣也就這幾十年，只要台灣能多幾位生技科學家，多幾位好的生技商業人才，再加上有對的商業模式，台灣生技產業就有機會往上跳，現在產業就是要往前走，不能停下來。只是台灣生技業確實存在公司規模太小的問題，以致於人才也分散了，如果產業能再進行一些併購，適度擴大公司的規模，預期生技產業的發展將更穩健。

此外在產業實務人才的培訓方面，馬博士也有一些分享。她說，20 多年前，她剛返台創立神隆公司時，台灣的生技產業剛剛起步，非常需要有實務經驗的人，所以，馬海怡帶了將近 50 位有經驗的生技專家來到台灣。她笑稱設立神隆，不但是要在台南的甘蔗田上開疆闢土，根本就像是這些生技專家們承接的一個藥廠的 BOT 案。神隆所需要的技術、業務、生產與管理人才等，幾乎都是神隆自己雇用從學校畢業的人，從頭一手訓練起，神隆培育人才真的是一條漫長且花費高的事。

生技產業深耕學院成立記者會,兩位創辦人——馬海怡博士(前排左2)、
吳永連博士(前排右3)、陳昭義理事長(前排左4)、工業局呂正華局
長(前排右4)及專家合影。

　　自己需要的人才自己培養,對神隆這樣規模的公司,或
許還有機會,但對於台灣許多中小規模的公司,要完全靠自
己從頭訓練人才,實在不容易,因此,在一場餐敘中,馬海
怡遇見了老朋友吳永連博士,當吳永連談到台灣印刷電路板
產業有計劃地培養了幾百位可用之才。因此,兩人決定要透

過生物產業協會，為台灣生技業培養產業真正需要的人才，也獲得了協會的支持。

不過，協會雖然支持成立深耕學院，但開辦之初，在沒錢沒人的情況下，馬海怡只好向 20 多家藥廠的總經理一一打電話，以一家公司捐 15 萬元，以後送員工來受訓再從中扣除，就這樣湊足了 300 萬元後就開始授課。由於學院是非營利組織，所以，從業界來的授課老師，都只領一點點的車馬費，就將自身的經驗無私地，透過個案研究的方式，一一傳授給學員們，讓上課的學生覺得受益良多。因此，願意參加的學生也愈來愈多，所開設的課程也更多元化，讓學院成立第一年就沒賠錢。

對於深耕學院，馬海怡說讓她感動的是，上課的時間排在每周的周末，且一次的課程要連著上好幾個周末，但學員上課都非常踴躍，往往下課時，還將老師團團圍住，不斷的問問題讓老師連休息喝口水的時間都沒有。此外，深耕學院不但受到協會理監事們的支持，吳永連更是每堂課都坐在教室後，陪著學生們一起上課，為學員們打氣。她希望這樣的產業實務人才培訓可以不斷的持續下去，對未來台灣生技產業的發展將會很有幫助。

政府看生技

生技產業推進，政府扮演重要角色

總統府國策顧問｜何美玥

從 2000 年 到 2019
年，走過將近 20 年的
歲月，雖然台灣已經有
100 多家生技創新公司，
但 2000 年時曾力推台灣
生技產業發展的前國發
會主任委員何美玥坦率
的說，台灣生技產業發
展還未達到她所設想的
「成功」的境界。

　　何美玥說，她所定義的產業發展已經成功，應當是生技
產業已經形成一個 Ecosystem，也就是有好的想法的人，技
術可以被看到，有機會籌募到資金，從而讓公司成長。雖然
現在台灣的生技產業與 20 年前是有所不同，但產業的生態

Biotechnology Innovation
and Industry Transformation

系統還是沒能建立，生技公司募資不容易，甚至無以為繼。

　　2000 年人類基因解碼，世界各國都掀起一陣生技產業的投資熱潮，當時擔任經建會副主任委員，負責擬訂知識經濟發展方案的何美玥，因為是台灣大學農業化學系畢業，對生技產業相對有感情。因此，她心想的是台灣要發展知識經濟，生技產業自然不可或缺，如何型塑一個環境，讓年輕時出國讀書，留在美國藥廠或實驗室已工作多年的中壯年生技領域的專家，願意回到國內發展產業，以帶動生技產業的發展。

　　要向在海外的生技專家招手，何美玥想的是先要有一個生技園區，這個園區不是如資訊電子等產業的工業園區，也不能只有一棟大樓，因此，她選中南港軟體園區第二期工程

第二屆台灣生技月舉辦「中央地方串起來」論壇，邀請中央與縣市政府代表出席座談（2004）。

正在搭建鋼架的 21 層大樓，希望能在這棟大樓形成生技園區，向外界宣示政府重視生技產業的發展。

但問題在於 2000 年時，國內還看不到生技產業開枝散葉，所以，當她向負責開發的世正工程公司董事長黃茂雄表達，要將 21 樓高的大樓改成生技大樓時，在商言商的黃茂雄提出可以改為生技大樓，但要政府先拿錢出來買。

談到錢，經建會手中可盤算的就只有中美基金，中美基金設置的任務，就是要發展產業所用，所以，何美玥向中美基金主任委員彭淮南報告，馬上就獲得彭總裁的支持。將中美基金持有的現金結算一下，總計有 49 億元，拿著 49 億元的承諾書與世正公司接洽，也只夠買 11~21 層樓；一開始擔心進駐的廠商不夠多，還協調中研院與經濟部負責 3 層樓，作為設立生技育成與生技核心設施等的相關場所。就在一切都快底定，大樓也快蓋好時，沒有想到購樓預算卻出不了立法院，因為預算書送進立法院後，很多縣市的立法委員為了替自己的家鄉爭取，都希望生技園區不要設在台北，最好能在立法委員所屬的縣市。

眼見大樓就要完工，中美基金買樓的預算卻卡關了，正在一籌莫展時，恰好因為面對亞洲金融風暴後，景氣跌至谷底，為獎勵投資，經濟部特別推出「006688」租購地政策，

就由工業局的工業區發展基金出面買下南港生技園區大樓。工業局買完才推屋三個月，所有樓層全部完銷，還有國外的生技業者要求進駐，卻擠不出空間可以提供。

除了南港生技大樓代表政府對生技業的支持外，同一時間，還特別由政府支持「Venture of Venture」計畫，也就是由政府參與設立生技創業投資基金，以加速投資的腳步，而為了修改臨床試驗等相關的法規，時任經濟部長的何美玥，還特別協調設置由工業局局長對衛生署藥政處處長，以及經濟部部長與衛生署署長架構的兩層協調會議機制，以加速鬆綁法規。

此外，為了加速對生技業的投資，當時的開發基金還改變原有的投資模式，就是新設公司只要投資計畫獲准，開發基金就允諾投資 20% 的股份，再由新創公司拿著開發基金的投資允諾對外募資。

2006 年蔡英文由不分區立法委員轉任行政院副院長，她已深深體會到台灣發展生技產業，必須要有很好的跨部會協調，才能讓潛藏在各個山頭的研究成果及資源通力合作。為打開生技發展的任督二脈，蔡副院長在行政院成立生技小組，親自擔任召集人，邀請中央研究院李遠哲院長、翁啟惠院長及行政院相關部會首長等，共同協商生技產業的發展策

略及障礙排除。當時何美玥已由經濟部長轉任行政院政務委員，也被邀請加入該小組，共同負責該小組工作的推動。這是我國第一次由行政院層次副院長領軍，各部會首長實際參與發展生技產業的陣仗，台灣的生技產業於此時才真正開始啟航。

　　但此時卻發現，台灣要發展生技產業，除了仰仗海外歸國的專家，或自國外取得授權外，國內學研界的研發能量，很難對接下到產業界，除了需要有一個平台去協助生物技術產業化外，更重要的翁啟惠在 2003 年接下中研院基因體中心主任後，發現台灣有很多法規限制與稅務上的阻礙，會讓生技的發展受到限縮，必需大刀闊斧的改變法規。

　　為了建置為生技業提供專利保護、技術發展、國際談判與合作，以及資金籌募等服務的團隊，原在 Biogen Idec 公司擔任資深副總裁的蘇懷仁，在 2006 年行政院生技產業策略諮詢委員會上提出成立「生技整合育成中心」Si2C 的構想，對於新藥開發最為嫻熟的蘇懷仁，則是整合育成中心執行長的不二人選。生技育成整合中心也在蘇懷仁持續努力下，於 2011 年年底成立，蘇懷仁並努力尋找資金與人才，只要經過中心篩選有發展潛力的新藥與醫材，就由中心給予協助。否則以過去政府支持學界科專計畫，接受補助者必須

台灣生技整合育成中心邀請蘇懷仁博士（左五）回台籌設。
（照片提供：環球生技月刊）

3 年就要成立公司，業界生技研發成果根本就沒辦法 3 年做到商品化。只可惜蘇懷仁在 2014 年發現罹癌，同年 7 月過世，而他對台灣生技產業的貢獻則不會被遺忘。

　　至於對法規的修改，是在翁啟惠接任中研院院長，同時擔任行政院首席科技顧問時，極力爭取並在生技小組屢向蔡英文召集人提出之建議。但待當時擔任經建會主任委員的何美玥，協助與相關單位協商好「生技新藥產業發展條例草案」之條文內容時，行政院內閣已改組，蔡英文已辭去副院長，行政院院長及副院長皆已換人，生技小組暫時停止運作。

　　當時考量如果該條例走一般的行政程序，於行政院走完

程序送立法院，再經排入立法程序，不知要到哪個會期才能完成。因此在 2007 年 7 月立法院會期結束之一、兩週前，由翁啟惠院長以生策會建議案名義，協請立法院院長王金平（同時也是生策會創辦人）領銜提出同時獲朝野一百多位立法委員連署之草案，最後趕在當次會期結束前的凌晨兩點，通過生技新藥產業發展條例。條例通過後，除使得生技公司自國外取得技術，可以不受到技術股課稅的限制外，擁有技術的學研界公務員，也可能以技術獲得合理的股權，並出任公司的董事等；同時，生技業也享有特殊的租稅優惠，這創下了我國為單一產業訂定特別條例的首例。

儘管政府在鬆綁法規、投注資金與自海外招募人才等，都做了很多努力，但何美玥發現，當時因為國內生技產業還沒有成功的故事，企業界願意投入者，大多數是在資通訊產業發展時，沒搭上列車的傳統產業業者，資通訊業者還是不願意投資生技業。因此，如何找到一個具有社會意義，可以成為國際亮點與全球最好的生技公司之一的計畫，也就被規畫當中。

何美玥說，為第三世界愛滋病找解方，爭取美國大藥廠 Genentech 公司的 TNX-355 的授權與技術入股，在台灣成立一個生物新藥開發公司，正是這個國際亮點計畫的最適解

方，而這家公司就是宇昌生技。

2008 年政黨再次輪替，當年 9 月因為雷曼兄弟破產，導致資金流動性風暴，蔓延成全球金融海嘯，讓具以高風險與長期投資特性的生技公司更不易募資；嗣後我國又在 2011 年年底發生宇昌案，2014 年基亞與 2016 年浩鼎兩家公司分別因為解盲不如預期，導致公司的股價大幅挫跌，更讓台灣生技產業的投資蒙上風霜，有人就以「冷凍庫」來形容台灣現在的生技業資本市場。在資通訊產業賺到錢的人還是不願意進入生技業，生技業者只能到大陸，到國外等地募資，但也是有一餐沒一餐的。

何美玥就說，現在國內比較有規模的生技公司多半是 2008 年左右設立的，面對生技產業現在的處境，她認為需要建立生技投資的「消化代謝系統」。也就是有一個專業的投資平台進去評估現有的生技公司，經評估後是好的公司，就協助這家公司茁壯，但如果是不好的公司，就讓這家公司自然的消退。台杉成立生技基金，就是要擔任這個專業的投資平台。只要是台杉評估是不錯的生技公司，就要進去解決這家公司的問題，讓這家公司可以成長。

僅管生技產業現在所處的環境比較辛苦，但是，隨著 AI 技術導入，以及 ICT 產業如果能與生技業結合，投入彼

此的優勢，何美玥認為台灣還可以在國際生技產業舞台找到機會。譬如：從事臨床檢驗試劑與檢驗儀器研發與銷售的博錸公司，是一家體外診斷的醫療器材公司，一年的營業收入大約有 8,000 多萬元，卻能被日本 Denka 公司投資 2,400 萬美元取得博錸三分之一的股權，而 Denka 公司一年營業額有 4 千多億日圓，年賺 360 億日圓，會選擇成為博錸的主要投資者，足見台灣還是有好的生技公司。所以，政府只要建立一個生技產業的生態系統，借助專業投資平台，讓台灣的生技公司與跨國的公司合作，且讓有專業知識、有錢或者有人脈網絡的人可以進入這個投資平台協助好的生技公司，台灣的生技產業發展，還是有成功的機會的。

生技產業方向正確，但需長期持續努力

行政院政務委員｜吳政忠

　　僅管台灣從 1980 年代就開始推動生技產業，但在資通訊製造代工與短期就能獲利的氛圍下，

需要長時間與相較風險較大的生醫產業，難免在國家產業發展上會走得久一些。展望 2030 台灣要朝產業創新的方向邁進，生技醫療產業的發展正當其時。

回首看過去 30 多年台灣生技產業的發展，很難用成功或不成功來加以定論，只能說過去的發展都是生技產業生根需要經過的過程，而 2020~2030 年 10 年間，將是台灣發展生技產業的關鍵時刻。在 AI、大數據等數位科技導入生醫產業後，將會對生技產業帶來很大的衝擊，而台灣的資通訊產業在國際產業競爭上，都是位在前面幾名的，只要能將資通訊與生技產業整合，台灣有在國際生技產業舞台上與其它國家拚一場的機會。雖然台灣的生技公司與其它國際大生技公司相比，規模小很多，但公司小，反應也可以快一些。所以，過去幾十年的時光，應當說是台灣生技產業的準備期，而今在技術、人才與法規上，都已經慢慢到位。

由於近來生技公司募資不易，各界就期待四大基金可以帶頭投資生技產業，但以美國 100 個進入 IND，可能最後剩不到 10 個，對風險如此高且具有高度專業的生技產業，未必合適四大基金直接帶頭投資。因此，政府比較適合成立類似台杉投資生技基金這樣有醫療投資研析能力的組織，讓政府體制外的創投業者去協助生技業。

　　此外，政府比較可以做的是對生技業的研發補助；不過，主管補助的審查委員對生技業，應當有不同於過去對資通訊業者的審查概念。因為從代工經濟到創新經濟，政府所給予的研發補助的原則也要大不同；在代工經濟下，研發補助的審查標準會要求高達 99% 的成功率，但對於生技業，應當要有接受失敗的空間，只是失敗後要有檢討與再起來的能力，如果對生技業的研發補助的審查標準是與代工業相同，那麼，就算有研發補助的經費，能夠給出去的也不會多。

　　坦白說，目前台灣生技產業的資金是有一點斷鍊的；由於生技產業的發展需要長期的投資，且每一個階段所需要

協會與交通大學、互貴興業公司及國家實驗研究院在「Bio ICT 論壇」會場，簽訂「協同推動生醫資電 BioICT 合作備忘錄」（2014）。

Biotechnology Innovation
and Industry Transformation

的資金規模不同，因此，我們需要建立在不同的階段的生技公司，由不同的部會協助，譬如：國科會協助學界科專，但到成立公司後，就由經濟部或國發基金接手研發補助或投資等，但現在確實在轉接過程中，資金的提供並不夠順暢，這也有再努力的空間。

過去政府將生醫產業分為藥品、醫材與大健康三個領域在推動，但隨著人工智慧、物聯網、大數據及 5G 相連後，這些領域的界限會愈來愈模糊，跨領域的技術發展已經勢在必行。未來新藥與醫材的研發，必須要導入 ICT、AI 等科技，促成跨域技術的整合發展。此外，除了培養跨領域的人才，跨領域的管理與國際生技商業發展與授權人才的培養，更是刻不容緩的事，事實上，台灣現階段確實對生技的國際商業人才是比較不足的。

目前台灣的生技產業在創新醫療、細胞治療、精準醫療與數位醫療等領域已略有基礎；特別是在華人特有基因型及疾病和藥物關係的領域投入研究也有相當的成果。現有 31 家研究單位與醫院擁有的人體資料庫，如果能在兼顧個人隱私保護與檢體品質下，開放合法的檢體資料給產學研界使用，這些數據要是能整合進入物聯網、人聯網，將數位科技跟健康結合，就是台灣在發展生技產業時，具有的關鍵利基。

台灣生技月生物科技大展蕭萬長副總統參觀大會之星——人工電子試網膜晶片（2011）。

　　尤其台灣全民健保實施已經超過 24 年，擁有國內巨量的健保數據與醫療影像，且台灣又具有國際水準的臨床試驗場域，目前透過跨域加值合作，已經發展並開放雲端藥歷、健康存摺及推動健保資料 AI 應用服務試辦計畫，將是發展 AI 醫療非常充分的利基。

　　前瞻我國的生技產業未來的發展，台灣具有的產業發展優勢，就在台灣醫療與臨床試驗環境具有國際水準，且擁有 31 家人體生物資料庫及累積多年的健保大數據。只要能結合 ICT 及半導體等產業優勢，善用優質的臨床試驗場域，透過數位加值，軟硬體整合產業創新服務模式，可望驅動智

慧化的新興生醫科技，如再生醫療、精準醫療與智慧醫療等快速翻轉創新。

正因為 2020~2030 十年間，將是新興生醫科技發展的重要十年，政府勢必要以未來十年的發展做為規畫，訂定前瞻性的立法並調整舊法，以因應新興生醫科技的變革。其中生技新藥產業發展條例即將落日，政府已經著手規劃新生醫產業發展條例，以因應未來新興醫療科技與產業的國際競爭。

在具體協助生技產業發展的政策上，包括有：

一、人才方面，除加強國際生技商業發展與授權人才的培養，也會延伸規畫以拓展 AI 領域、數位醫療、數位農業等人才養成，強調多元化跨域發展。

二、投資方面，為協助產業突破資金籌措的問題，政府將對於資金籌措的限制加以鬆綁，並加強資訊揭露透明度，以利於吸引國內外資金投資台灣，這也是中美貿易情勢，造成國際資金流向改變下，台灣非常重要的機會。

三、國際合作方面，政府希望能強化競爭力，吸引國際優質生醫公司來台投資及成立研發中心，以期能促進國際鍊結，帶動我國生醫產業的發展。

善用台灣資通訊產業與
醫療服務優勢發展生技產業

中央研究院院士｜翁啟惠

　　生技產業一直被認為是台灣在繼資通訊產業之後，下一個重要產業，而且在過去二三十年的科技會議討論都如此認為，但三十多年來為何一直沒辦法成為具有國際競爭力的產業？

　　生技產業與資通訊產業有相當大的不同，生技產品的發展一般要較長時間，從發明開始，要不斷的研發與創新，嚴守相關法規，並且和學術單位要有密切的合作。資通訊產業的模式卻未必如此，政策與法規的設計也不同，生技產品的發展需多元人才，生命科學、化學、醫學、工程、財經、法律、行銷與管理等不同人才需要在不同階段參與，而且因為產品與人類健康息息相關，研發過程中的管

制嚴格，重視安全。

在人才上，台灣百年來第一流的人才多選擇進入醫學系，但少和生技研發連結，以致於其他能量未能被開發出來；而且台灣在發展生技產業的過程一直缺乏有實際經驗的研發及管理人才，因此，如何透過教育，讓學子對生技相關學門及人才需求有更了解的機會，是教育政策需要考量的。由於學術界的研發成果都是早期的，加上業界的研發能力有限，或許可以鼓勵基礎研究的成果在動物模式或轉譯驗證後再移轉給產業界，以增加成功機會。

基本上，台灣社會對於生技產業的技術移轉並不了解，不清楚從學界取得的成果都是非常早期的，業者出錢獲得授權後，還要花更多的時間、人力與資金進行研發，且以癌症新藥為例，成功的機會不到一成，而阿茲海默症的成功率幾乎是零，但這兩大疾病是人類健康的最大挑戰；所以，才會有所謂天使投資人，在產品發展很早期，只看到很小的機會就投入，甚至於知道成功的機會不大，也要試試看。因為一旦成功，不止投資得到回報，也給病人帶來新希望，更為社會創造新的就業機會與帶動經濟發展。因此生技產業可以說是救人的產業，投資者與經營者要有這樣的認知，政府也要有明確的政策鼓勵，引導資金與人才往適合發展的方向走。

目前國際的資通訊業者，包括 Google、GE 等也都投入生醫領域以尋找新機會。以台灣的醫療及資通訊產業的優勢及其在國際上的連結與能見度，應當有機會創造出具有特色的生醫產業，甚至研發更多產品貢獻給醫療界及健康產業，但可惜的是台灣還沒有太多資通訊業者考慮這個面向。再者，對於資金與環境的需求，生技產業也與資通訊產業大不同。一座半導體廠可能需要幾千億元及相當大面積，但生技產業並不需要這麼龐大的資金與土地，但需要長期的挹注，至少要 8~10 年才有機會看到結果；何況，雖然創新的生技產業在產品的發展過程中會有無形資產的累積，但最後失敗的機會也很高，所以產品線不能太單一，也不要怕失敗，且能從失敗中檢討，才能找到成功的解方。但是，不怕失敗的產業文化在台灣還未建立。

政府最重要的角色，就是要型塑環境與制定適合產業發展的法規，人為的因素要儘量避免，讓制度去運行。譬如說：健保資料庫和人體生物資料庫是台灣發展生醫產業很寶貴的資產，很多國外的藥廠也都認為台灣的健保及人體資料庫很珍貴，政府應當善用這優勢，制定好使用資料庫的遊戲規則，並且鼓勵國際大藥廠與台灣合作，甚至到台灣設立研發中心，這樣不但可促進產業發展、增加就業機會，也

有助於提升台灣生醫產業研發水準，創造對人類健康有貢獻的成果。事實上，台灣的臨床試驗國際一流，多年來已累積了寶貴的數據與經驗，是吸引國際藥廠來台合作甚至設立臨床研究中心，但很多國際大藥廠卻到新加坡或中國大陸設立研發中心，並沒有選擇台灣。為什麼是新加坡？顯然不是看上新加坡的市場，那麼，我們就應當看看自己究竟缺了什麼？檢討自己並加以改善，才能吸引國際大廠在台灣設立研發中心。

　　過去 30 年台灣的生技產業一直有在進步，只是還可以

國際胰臟癌論壇國際醫學專家參觀亞洲生技大展（2019）。

做得更好。大家也需要有更多的耐心來看待生技產業的發展與成長，如果太期待能快速發展，就無法投入比較長期的研發，導致風險高但獲利也高的高階醫材及新藥難以發展。生技產業不是要拚價格，而是要拚有高價值、有助人類健康的創新產品及技術。

　　台灣是有生技產業的研發能量，但比較分散，有經驗的人才已經有限，且公司的規模都不大，這要如何在國際競爭呢？生技公司一定要有規模，才有競爭力，如何讓小公司壯大，提升國際競爭力與能見度是重要的策略考量，譬如：公司合併和人才整合都需要政府的引導、協助。也就是生技公司的合併如受到鼓勵，並提供誘因，自然趨勢會形成。

　　當年在推動生技產業發展條例時，很多人都反對，認為台灣沒有做高階醫療器材與新藥的條件。但問題是，為什麼我們很多專家出了國門，到別的國家就什麼都會，關鍵還是在台灣缺乏鼓勵生技產業發展的制度與環境。

　　如今不但生技產業發展條例已經訂定，科技基本法也讓學術界的研發人員有機會與產業連結，但我們有很多對產業發展的定義都還不清楚，譬如：醫生只會看病？或者醫院不能是產業的一環？全球健康產業的產值一直在增加，但台灣還占不到 1%，因此，我們在對產業的認知、政策與法規的

制訂、資金與人才的養成等，都還有成長的空間。

　　生技製藥產業的發展一直在創新，從天然物、小分子、大分子、生物製劑到疫苗與細胞治療；從體溫計、血糖計、支架、呼吸器、到雷射、影像技術、質子、重粒子及達文西手臂等，產品一直在變化，加上人口老化，大家已從疾病治療的概念走向預防、從精準醫療走上精準健康。今天醫療科技的進步是因為過去的研發，同樣的道理，今天投入研發，將會帶來新的醫療與健康，我們應當善用台灣一流的資通訊產業與醫療服務找出或培養自己可發展的強項，並建立關鍵技術能量；但是，產業要發展，更需要國家的支持，例如：使用生物製劑（如抗體或細胞）的精準醫療已成趨勢，但其單價高，健保多不給付，國內業者就算有能力開發出來，也難以獲得本土市場的支持。但就算基於健保負擔考量，政府沒能力全額給付，可以考慮制訂差額給付制度或其他保險給付，讓病人可以有選擇，產業有發展的契機。

產業看生技

「凡走過的路，必不會白費。」

永豐餘集團總裁｜何壽川

從 1990 年代成立綠色小組，由組織培養桉樹開始，進展到培育紫杉醇細胞，永豐餘集團的生技發展，是在不同時間，投資合適的生技公司，看似是一個一個點，但實際上卻橫跨整個生技產業面。目前經營的公司有「永豐餘生技」、「台灣基因」、「太景」、「上智創投」、「益安生醫」，再到「上準微流體」，這些投資的公司，包含食品農業、新藥開發、創新醫療器材、基因資訊、精準醫療與創投，幾乎涵蓋整個生技產業的領域。

在國內的企業中，能如同永豐餘這樣全面深耕生技產業的集團並不多，集團投資生技產業的推手，當推集團大家長

何壽川。因為對生技產業投資廣泛，何壽川在 2003 年經由經濟部的推選，出任為財團法人生技研究中心董事長，時生技產業已為國家發展重點計劃，2005 年何壽川再被行政院推進籌募上智生技創投，2006 年則又獲選擔任生物產業協會理事長。

這段經歷約莫在 2012 年時，國內已經有多家生技新藥公司成立，因此，他又發起成立台灣研發型生技新藥發展協會，讓協會作為與其它相關協會的窗口，透過協會與協會的溝通，來解決國內新藥業者到其它國家發展的法規困境。譬如：台灣與大陸的新藥審查法規的協調，以及兩岸的資料可以協和互通等，都是透過雙方協會的協談而來。目前新藥發展協會有互動的國家，包括有日本、美國、歐洲、中東、俄羅斯、中南美洲與東南亞國家等。此外，新藥發展協會成員間也會經常聚會，互相分享研發新藥的經驗，以因應各國對臨床實驗愈來愈嚴格、精準及透明之法規變化。

從永豐餘集團過去對生技產業的投資經驗，或可讓投資人對投資生技有些啟發。何壽川說，台灣基因是台灣第一家基因公司，但問題出在投資太早，產業環境還未齊備；太景原本運用小分子藥物高速篩選技術來開發新藥，幾經轉折的時空背景，花了十多年，才開發出全新結構抗生素 1.1 類

協會與資誠聯合會計師事務所舉辦「資誠生技論壇——躍進大陸生技市場新思維」。

新藥「非氟奎諾酮」，且是台灣與大陸首張雙藥證，目前已有回收，但與投入開發新藥的資源幾乎無法相比，因此，如果單純的從兩家公司的收益面來看不能算是成功的投資，但是，何壽川認為，凡走過的路，都不會白費，特別是透過開發新藥，培養了太景成為新藥臨床最有紮實經驗的團隊，證實了台灣的人才有開發出一類一新藥的實力。

在何壽川主導下的上智創投，總計投資 29 家公司，成功的有 22 家，將近 8 成的成功率，雖說是花了很多心血才能有此結果，但也讓何壽川有信心的說，投資生技可以繼續走下去。正因為有投資成功與失利的經驗，何壽川認為，生技公司要成功的祕訣無它，除了紮實的科學之外，公司須要

太景生技榮獲 2015 年潛力標竿獎。

有對的商業模式，以及良好財務管理的能力。不可諱言的，第一代從國外回國的生技專家，往往是科學技術背景的，財務、商業管理偏弱，如果沒有好的商務與財務團隊的支持，就很難看到好的成果。

2000 年英美兩國合作公布近 98% 的人類基因圖譜草案，開始啟動全球生物科技的發展，所有的新藥研發幾乎都基於人類的基因圖譜。次年 2001 年，太景公司成立運用小分子藥物高速篩選技術，自美國 Arena 公司引進 CART 技術與 30 個 GPCR 受體進行新藥開發，可以說是台灣第一個在 2000 年後投入新藥開發的公司。現在藥物高速篩選的技術已經很普遍，何壽川認為重要的是要篩選出什麼，才能往下開發新藥 TG-3000（幹細胞增生劑）。2004 年太景重新從

P&G 接手抗生素奈諾沙星，從臨床二期開始做，直到 2014 年拿到台灣藥證，2016 年也取得中國大陸 1.1 類的新藥執照。

對於太景取得藥證，何壽川認為不是花錢就能買到的經驗；走完全程開發而得到兩岸首張 1.1 類之新藥證，彌足珍貴，太景以科學而言是成功的，但對藥物出售合作的商業模式並沒有做得很好，因此財務回收一直等著中國市場銷量放大。目前太捷信針劑的第三張藥證也將取得，對藥價和回收將有助益，讓奈諾沙星更具有市場上之亮點。不過，此一寶貴經驗太景是紮實的培養了本土的臨床試驗的優秀團隊，開啟了一個可持續 1.1 類新藥的團隊。

走過太景完整的新藥開發路，太景經過省思，C 肝的藥就走了新的商業合作模式，從臨床二期就與大陸的藥廠合資，由對方出資，太景做三期及 NDA 之臨床實驗。新的商業模式將使新藥的開發加速，目前第三個新藥正在用新的市場模式進行中。從市場急切需求的藥物及市場充沛資金的合作，加速臨床實驗，讓 NDA 提早取得藥證，一個新的商業模式，讓太景成為可持續發展市場新藥的專業生技公司。

除了商業模式與財務管理外，由於新藥開發的時程長，何壽川強調，必須各個階段都有資金進入，特別是台灣要成為集資中心，來支持新創產業，就需要須開放讓所有的資金

可以進到台灣投資，譬如：讓天使資金等私人股權投資者也可以如創投一般，投資新創產業也能享有投資抵稅的獎勵。何壽川指出，私人股權投資者都是具有專業的投資背景，如果能讓他們也參與台灣生技等新創產業的投資，有他們協助評估新創公司，應當有助於降低失敗機率，相對成功的機會也會大幅增加，讓所有的投資人都能獲利，這遠比政府相關部門設立法規管理，更能保護一般投資人。

至於對未來生技產業的發展，何壽川指出，生物新材料的發展是值得關注的，以現在資訊電腦的 DRAM 處理的資料量，如果換作 DNA 四位元的儲存技術，可能只要一點點物件就能處理，且能正確的存取。事實上，微軟公司就一直持續支持學研界要開發出可以存取的生物記憶體。儘管人類已經開發出很多材料，但對於有機材料的開發，還存在很多未知的空間，因此，除了與基因相關的精準醫學會快速的發展外，也會有更多有機材料被開發出來，何壽川說，有一天如果看到有機材料可以如鋼鐵般的強度及物性，也不必太訝異。這可能不必像新藥開發一般，總要花個 10 年以上才能磨一劍的研發成果。

另外，對國內全民健保所衍生的資料庫非常重要，何壽川也建議利用 AI 技術進行巨量的數據的比對分析，加上進

入診間的病人都可以先進行精準醫療檢測，讓台灣可以成為世界第一個利用精準醫學示範微流體精準血液，同步做生化及稀有細胞含十大癌症之細胞檢測。雖然檢驗費用會增加，但治療費用會降低，也將大幅降低誤診率，使台灣醫療水平，藉著全民健保的機制必有重大的躍進。

回首看過去 30 多年台灣生技產業的發展，含新藥開發加上與食品農業相關的產業精緻、多樣化之發展，何壽川強調，整個生技產業早就是兆元的產業。對於 21 世紀，何壽川認為生物科技的重要性，已是世界所有先進國家發展的重要策略產業，特別是有機生物性新材料才開始萌芽，台灣生技產業是有多元性的亮點，值得大家期待。

找對創新項目，讓生技成功「轉大人」

台灣生物產業協會理事長｜李鍾熙

李鍾熙說，純就數字來看，三十年是有相當的進展。以 2008 年台灣的生技醫藥上市上櫃家數只有 22 家，2018

年已增加到 122 家，上市櫃的總市值也從 2008 年的新台幣 750 億元，到 2018 年的新台幣 8,335 億元，同時期，生技醫藥業的總產值也從 2008 年地 715 億元，成長至 2018 年的 2,524 億元，台灣的生技醫藥的產業的確是在成長中，且產業發展的環境也比過去好。但是，台灣目前的確很難看出是否有一家具有所謂「本夢比」、真正有爆發力的生技公司。

李鍾熙認為，很多人往往拿生技和半導體相比，認為生技產業在台灣發展太慢、成效不佳，其實不盡正確也不盡公允，因為兩者的時空背景不同、性質差異又大，實在很難相比。

就投入的時間點來說，台灣進入半導體產業時，全球半導體產業已經比較成熟，許多國際大廠如 IBM、TI 等公司，已經有很大的規模和獲利；但當台灣在 1984 年成立 DCB 啟動生技產業發展時，當時全球生技產業也尚在萌芽階段，例如美國目前最重要的生技公司 Amgen 和 Genentech，也都是在 1970 年末期才成立，當時還沒有真正有規模的生技公司，大家對生物科技的產業化也都還在模索，所以相對難度較高、速度也會較慢。

再就產業的特性來說，生技也與其它製造業大不相同。國內的製造業講究的是「供應鏈」，如何從材料、零組件、模組到成品，提供製造的能力，供應國際的品牌產品客戶；

著重的是「製程」的研發和成本的下降，鮮少產品或應用市場的考量。因此只要跟上大趨勢、抓到大客戶，往往很快就能看到好成果，但也很容易陷入激烈的削價競爭，甚或被後進者取代。

但對生技產業來說，製造雖然也重要，但並非生技產業的主要著力點，更重要的是新產品的發明及產業化。因此生技產業的價值鏈涵蓋較廣，不只是供應鏈，也必須包含「創新鏈」、「法規鏈」和「市場應用鏈」的完整生態圈，其中又以最前端的創新發明為生技最主要的驅動力，也是價值爆發力的來源。這就和過去傳統製造業很不一樣，不是只靠建構完整供應鏈或跟上大趨勢就能成功，而是要有非常獨特且重要的創新才行。

台灣生技產業經過 30 多年的發展，如今走到要「轉大人」的關鍵時刻。李鍾熙指出，台灣生技公司數目雖然增加，但必須找到對全球產業有大影響力的創新項目，才可能看到真正具有高度爆發力的「本夢比型」生技公司。這要透過政府長期支持基礎研究，或推動目標導向的大型計畫，並積極加強國際合作，有恆心的再砸個十多年資源，才能實現。

除了具有突破性的創新力，該項目還需具有大影響力才

夠重要，就如同台積電公司今日的成功，也是因為在產業具有很大的影響力。譬如：基因治療、蛋白質藥物、基因定序檢測與醫療器材等，在未來都可能是很有創新機會的領域，但關鍵還是在選擇的特定項目影響力夠不夠大。所以，必需要政府透過大型計畫，把重要性拉高，並支持創新前瞻的基礎研究，持續下去，就有機會成功。

他舉例說，台灣的健保資料庫有非常重要的「時序性」（longitudinal）的資料，很多國際大廠也都想要運用我們的健保資料庫。台灣的健保資料庫可以追蹤一個人的健康、成長、生病、治療、康復，一直到再生病的過程，這在醫學上是非常重要且不容易得到的資訊，也是台灣的優勢。因此如果能由政府推動一個大型臨床研究計畫，結合健保資料庫、臨床計畫與基因數據等，同時把新藥和生物標記的廠商拉進來，一定可以創造出健保資料庫的價值，並從中創造很多商機。

至於其他比較有機會具有國際競爭力的項目，李鍾熙認為，生技與資訊電子結合的醫療及診斷器材、亞洲特殊疾病的新藥、再下一代的基因定序技術，以及醣化學的生醫應用等。

另一成功要素則是要靠接力與國際合作。基本上，生技醫藥產業的特色在於法規管制多，產品開發期長，價值鏈複雜；技術密集，創新導向；開發全程需要龐大的資金，以

及失敗率高等。因此，李鍾熙常以「接力馬拉松」來形容新藥開發的特有模式。特別是以台灣擁有的市場規模小，資源又很有限，難以靠單一公司就能跑完全程，更需要透過「接力」，才能跑好跑完這一場馬拉松。換句話說，過程中研發與投資常需多次換手，而接力的各棒次有的在國內，有的在國外，政府更需要型塑接力馬拉松的環境與法規。

至於要如何做，才能跑好這一場接力馬拉松？李鍾熙認為，業者應當專注跑出具有特色的一棒，就是要選擇最好的題材，有最好的創新，然後要產出「可轉手也可作價投資」的中間產品，如專利或臨床許可等。有了產出就要有好的商務人才，透過國內外的合作，找到最佳的下一棒接力者，把新藥開發的價值以授權金或權利金等分期回收。當然，在這一場接力馬拉松中，一定要有資本市場的支持，資本市場要能接受企業高風險、未獲利等特性。

資本市場對生技新藥公司的發展非常重要，但因為過去基亞與浩鼎等公司臨床試驗解盲失利，兩家公司的股價大幅下挫，以致於資本市場對於生技新藥公司失去信心，迄今元氣還未恢復，有些人甚至於以「冷凍庫」來形容。

對於基亞與浩鼎案發生後對資本市場所帶來的衝擊，李鍾熙以「成長中必經的陣痛」（Growing pain）來加以形容。

對產業發展來說，資本市場是生技新藥公司的血液，絕對不可少。台灣更缺少願意冒險的高風險投資人，因此也使得生技新藥產業傾向跑短線，削弱了台灣的競爭力。台灣不能一昧地為了保護投資人而設限，必須培養更具高風險的企圖心和承受能力的投資人，才可能發展出具爆發力的生技產業。

同樣地，投資人選擇投資生技公司，要明白風險所在，當然要學習評估生技新藥公司風險的能力；生技公司也不能將公司全部押在一個產品上，以致於一翻兩瞪眼後，想再翻身都要經過一番的波折。最後，從中研院陳垣崇與翁啟惠兩位院士經歷的司法案件，也提醒研發人員必須注意利益迴避與揭露等相關法規的規定。特別是生技新藥公司的技術通常來自於學術研究機構的研發，這些學研機構的研發人員有時具有公務人員的身分，如果沒注意到授權的法規規定，很可能會為自己帶來一些不必要的困擾。

儘管台灣生技產業在過去 30 年的發展未盡如人意，但從上市櫃公司家數、市值與產值的大幅增加，新藥公司取得國際藥證的有 6 項，台灣藥證的有 16 項；醫療器材獲得 FDA 認證許可的有 49 項，以及新藥在臨床試驗的有 295 項等，台灣的生技產業正處於學習成長的階段，雖然還未起飛，但只要不放棄，終能飛上白雲天際。

德國國會議員參訪台灣生技月合影（2013）。

生技研發需走出實驗室

智擎生技創辦人｜葉常菁

　　智擎的 PEP503 在台灣送臨床試驗審查申請時，就發生究竟 PEP503 是屬於藥，或者是傳輸藥的醫療器材，在衛福部內部的審查機關間，花了兩年的時間，意見還無法一致。

Biotechnology Innovation
and Industry Transformation

事實上，在美國的審查，PEP503 就是以藥品加以審理。最後因為時間實在被耽誤太久，法國合作夥伴的臨床試驗都已經跑在前面了，智擎只好選擇加入香港、菲律賓與澳洲等的跨國臨床試驗。

政府對生技產業支持的決心不夠，對產業的特性也了解不足。以新藥研發往往需要 5 至 10 年才能看到結果，需要靠政府從資金、法規與稅賦等各方面給予支持；但是，以智擎為例，一開始智擎依據生技產業發展條例申請研發投資抵減並獲得核准，沒想到等到核准年限屆滿，再申請研發投資抵減時，卻被主管機關以所研發的藥不是全新的藥而未通過，智擎必須繳稅。但問題是政府也數度表達對 5+2 產業的全力支持，生技產業就是其中之一，但如果連生技新藥開發公司都拿不到投資抵減的資格，又怎能說政府有大力支持生技產業呢？

政府為了生技產業發展，往往樂於推動產官學研聯盟合作，產官學研界合作當然很好，但如果為了避免圖利特定廠商，政府學研單位開發的技術必須與好幾家企業聯盟合作，屆時究竟哪一家廠商才能做決定呢？其實只要學研界對外合作的過程透明、公平，實在不需要為了避嫌，硬是要找幾家公司聯盟。

　　台灣缺乏生技的國際商業人才，特別是授權的相關談判、技術的定價等，台灣都短缺有實戰經驗的人，生技研發不能只有在實驗室內好數據，總要懂得要如何賣。

生技產業要 Think Big ！

有聯生技董事長｜詹維康

　　台灣生技產業往前走最大的隱憂是：仍然停留在「改進型創新」（incremental improvement），而鮮少「突破型創新」（game-changing breakthrough）。所看到的新藥研發多是「加工型」新藥研發，很少看到投入在真正重要的未滿足需求 （truely important unmet medical needs） ，而習慣於追求高效率、低成本、持續改善的製造業獲利模式。

　　台灣的投資人包括創投，都是關心「不失敗」遠勝過「大成功」，這並不符合生技產業「高風險高報酬」的特性，因此投資的幾乎都是比較有把握、比較快獲利的項目，

這些項目即使通過臨床三期也不夠有爆發力。因為投資人的模式如此，也引導了多數生技公司採取比較保守的方案，相互循環影響，就使得整個台灣很難看到影響力真正大的項目。如果不能打破這樣的模式，再過三十年可能還是差不了多少。

　　因此台灣發展生技，要多鼓勵大家更有企圖心、更有前瞻性。生技產業要 Think Big，創投要勇於冒險投資更具突破性、影響力更大的項目，並且除了資金，還要帶給公司更多專業加值，產業和投資人攜手有耐心、有毅力地共同努力，才能創造出成功的生技產業。

生醫園區需政府提供更多支持

免疫功坊董事長｜張子文

　　政府對生技產業的實質支持顯然是不夠的，以台北南港生醫園區為例，既然定位是生技產業的育成中心，就不該變成商業機構，在國外很多育成中心在慎選公司進駐後，就會

給充足的養分，譬如：租金很多是全免的，還會提供核心的設施。但是，台北南港生醫園區目前核心設施還不完備，每坪租金高達 3,000 元，實在看不到對生技新創公司有多大的支持。

資金與人才不足，待政府挹注

逸達生技執行長｜甘良生

台灣的生技公司的規模都很小，而資金會影響公司的規模，因此，引進國外資金就有其必要性。尤其中國大陸市場就在旁邊，有時候引進中國大陸的資金，也是為了要爭取大陸的市場，但政府顯然對於生技公司引進中國大陸的投資資金是比較保守的。

　　美國因為有大型的生技公司，對引進人才比較有助益，因此，在美國 100 個畢業生可能有 80 位進企業，20 位留在大學教書；台灣則因為生技公司的規模有限，好的生技相關

科系畢業生，反而八成留在學研界，而生技公司因為規模小，也給不出好的待遇，很難吸引好的生技人才。如果台灣的生技公司能在資金的協助下擴大規模，可以聘用到好的人才，則產業發展的問題會比較小。

基於台灣單一生技公司的規模都很小，各家公司普遍面臨資金與人才不充足的問題，或許政府可以考慮在竹北生醫園區成立一家虛擬的大生技公司，也就是仿照國家基因體計畫的方式，由政府興建一棟大樓，讓開發新藥所需要的各項技術與文法商人才等，都進駐大樓，然後由參與計畫的各家公司討論後，確定所要開發的新藥，再由各公司依據各自具的專長，參與新藥開發，或者這樣就有機會能開發出一項讓國際大廠眼睛為之一亮的新藥。

台灣生技企業研發力強

浩鼎生技董事長｜張念慈

政府對於大陸資金的管理，還是要保守一點好，否則大陸生技業現在發展是一日千里，有政府的支持，資金也充

沛，再加上海歸派，而台灣生技產業贏大陸的優勢，就在企業的研發能力還是比較強，對於大陸參與投資當然要謹慎些，否則很可能會被整碗端去。

台灣的資本市場無法支持需要資金長期投入的生技業，主要在台灣投資者還沒看到成功的創新生技公司是長成什麼樣子。

對於資本市場，政府的角色在建構好平台，而不是一昧的保護投資人，資本市場的管理機關要管理股票炒作，但萬一管理過度，反而會扼殺了產業的發展。

因此，政府應當給資本市場更多自由的空間，且需要與國際連結，否則一天只有1,000多億元的交易量在市場流動，較難支持生技產業的發展。

中美貿易戰
開啟大陸合作契機

基亞生技董事長｜張世忠

國內新藥開發的藥物，如果不具爆發性的創新，只是第二、第三線的藥物，或者不能

比現有藥物好很多，就算拿到藥證，也不能獲得國際大藥廠的青睞。2000 年時，大家對台灣生技產業的發展還有些期待，但如今在研發速度不夠快下，已經很難有讓國外廠商眼睛為之一亮的成績。

依據世界銀行的調查，在全球各國研發投資強度分析，台灣是在美國圈內的一小點，技術還不錯，但投資明顯很少，反觀大陸的投資多，但研發強度比台灣低很多，在中美貿易衝突的現況下，台灣與中國大陸或許有機會在生技產業上成為好的合作夥伴。

中長期資金有賴國外創投

行動基因執行長｜陳華鍵

　　生技產業的發展需要有中長期資金的支持，單靠國內的資金是不夠的，更者，國外的創投等投資者，與國內投資者最大的不同是除了財務性投資外，還有策略性意義，也就是有機會為被投資公司帶來與國際接軌合作的機

會。只不過，政府對於引進國外資金，審查上比較嚴格，希望在沒有國家安全的顧慮下，政府對於生技公司引進外資可以更開放。

需要能評估生技產業的人才

育世博生技總經理｜蕭世嘉

　　台灣不是沒有資金，但缺少能評估生技產業的人才，以致於不能確保所投資標的公司的成功機率，加上生技公司必須能提出可以讓投資人安心的進程，譬如：每個預設的研發進程都能如期達到。缺少投資生技產業的評估專才，加上生技公司的營運又不能安投資人的心，生技的資本市場自然會冷颼颼。

法規需趕上產業創新與轉型

葡萄王董事長｜曾盛麟

法規制訂必須能趕上產業的創新能力提升與轉型。譬如：食品生技素材創新開發上，如果以傳統性食品法規來審查，其食用安全性能通過的比率就會低，但這可能與國際的認知是不同的。何況國外認為是合法的食品，而國內卻未批准時，國內生技公司承接國外的代工訂單，政府是否能開放外銷專用製造呢？畢竟外銷代工訂單是要運往國外銷售，理當受銷售國當地的食品安全法令管轄，台灣政府實在沒必要越俎代庖代為管理。但就因為我國的食安法令趕不上食品生技素材的創新開發，連帶也影響業者進軍國際市場。

生技產業是團隊合作的產業

藥華醫藥執行長 | 林國鐘

　　要成為生技中心必須同時具備人才與資金，放眼全球，美國波士頓與舊金山具有這樣的條件，第三個就是台灣。

　　基本上，台灣有資金與人才，特別是民間的資金是非常豐沛的，只是需要公司與投資人間有誠信的溝通與透明化，只要資金具備了，人才就比較有機會向產業靠攏。

　　此外，生技產業是團隊合作的產業，沒有產業明星，經營者需要了解自己的優缺點，並儘量控制研發的風險，再尋求外部的資源合作。

Chapter *3*

看見生技產業大未來

精準醫療與基因／細胞科技

　　精準醫療（Precision Medicine）是近年來發展最快的全球新趨勢，不但能造福更多病患，也為生技產業帶來了成長的新契機。有別於傳統醫療對所有病人一體適用的方式，精準醫療著重於每位病人在基因、疾病及生活型態的差異，以更精準的分子診斷搭配更精準的標靶藥物，做到因人而異的更精準治療。尤其在治療癌症上，各國已經將精準醫療列為最可行且最被期望的診斷及治療方法。

　　以癌症為例，同樣是肺癌的病人，其癌細胞的基因突變就有幾十種樣態，所以，在病人用藥前，先對病人的癌細胞檢體進行基因檢測分析，判斷病人癌症的種類後，再配對該類型的藥物對症下藥，不但可以提高療效，也能避免不必要的用藥、降低副作用，更期望未來能降低醫療費用。台大醫院楊泮池教授在他的演講中說明，台大醫院非小細胞肺癌病患的五年存活率，已經從 2009 年的 15.3%，提高到 2016 年的近 40%。

　　2015 年美國前總統歐巴馬在國情咨文中發表精準醫療倡議，以提升治療有效性，降低不必要醫療支出為目標，受到全球的重視與積極推動。其中美國政府透過跨部門行動計

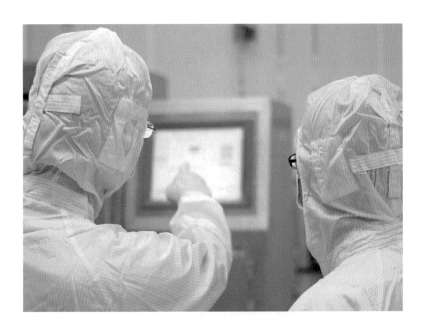

畫，除建置基因資料庫外，還啟動「癌症登月計畫」，投入癌症預防、疫苗研發、癌症免疫治療與基因體學等。中國大陸則在「十三五」國家重點研發計畫中，將精準醫療列為優先啟動的項目，預計在 2023 年以前將投入 600 億人民幣發展精準醫療。至於英國則在 2015 年由國家創新局成立「精準醫療推動中心」，預計到 2021 年前總計投入 93 億美元在精準醫療創新發展。

　　台灣早自 90 年代，即已展開相關的基因體及醫學應用研究，其中多項研究及應用頗具成效；2009 年起，台大醫

院開始針對肺癌病患採用基因檢測及標靶藥物治療；2013年，台灣領先全球通過百靈佳藥廠新藥 Afatinib 用於非小細胞肺癌 EGFR 基因突變的適應症；2016 年政府更將推動台灣成為「亞太癌症精準醫療中心」列為施政目標之一；2018及 2019 年行政院衛福部陸續推出「細胞治療特管辦法」及「精準醫療分子檢測實驗室 LDTS 指引」，讓台灣也進入了全球精準醫療研發及臨床應用的領先族群。

　　精準醫療包括精準診斷與精準治療兩大產業項目，主要透過精準檢測與診斷，提供以精準藥物為主的治療與預後的監控。在精準醫療的產業價值鏈中，可包含檢測、診斷、治療、追蹤、與預防五個服務面向，參與提供服務的除了醫療機構之外，還包括了醫療器材、檢測技術、檢測服務、數據分析、診斷用藥決策、藥物開發、細胞治療、預防保健等產業。

基因定序及分子檢驗診斷

　　就精準醫療檢測產業而言，其發展實受惠於次世代基因定序技術的突破，使得一個人全基因定序的價格由 2001 年接近 1 億美元，到 2017 年已經下降到 1,000 美元。基因定

序價格的下跌，促成了大量基因與疾病數據的產生及分析了解，是精準醫療成為實際可行的重要原因。而其價格下降更進一步帶動了臨床及商業應用的加速。

根據 BBC Research 於 2017 年發布的研究數據顯示，次世代定序的全球市場規模，將由 2017 年的 32 億美元，到 2022 年成長至 105 億美元。其中北美仍是全球最大的市場，亞洲則是具有高度成長潛力的區域。未來基因定序如何從目前耗時、耗工且仍然十昂貴的集中式定序，走向即時、簡便而可在醫院或診間使用的分散式定序，仍是一大挑戰。

2017~2022 全球基因定序市場

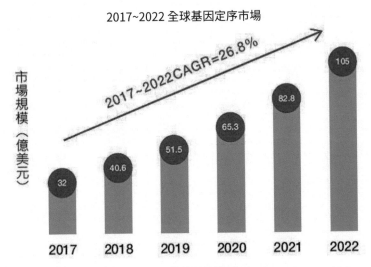

資料來源：BBC Research，DCB 產業資訊組整理。

　　除了定序（sequencing）之外，還有其他用於基因檢測分析的技術工具，例如以基因放大（amplification）為基礎的定量或數位 PCR 陣列晶片，或是以基因雜交（hybridization） 為基礎的基因探針微陣列晶片，都各有其臨床應用上的優缺點。相較於基因定序，這些技術往往有相對簡便、快速、清楚準確等優勢。近年來這些平台技術也不斷推陳出新，在精準醫療的快速成長中，展現出許多新潛能及新商機。

　　至於在精準檢測的應用上，針對不同的疾病，各國公司都已陸續尋找出不同的生物標記（Biomarkers） 及標記組合群（marker panels）。這些標記及其演算法經過臨床驗證，便成為特定應用的檢測方案（assays）。由於精準醫療的發展帶動了日益增加的檢測需求，許多研發檢測方案及提供檢測服務的公司也如雨後春筍般應運而生，成為生技產業快速成長的新族群。加上基因資料庫及基因體醫學的持續發展，未來會在癌症、遺傳性疾病、生育與產前檢查、糖尿病、老年痴呆等疾病有很大的應用空間。

　　此外，新興的液態活檢（liquid biopsy）與循環細胞分析等領域，也帶來新的發展機會。其中液態活檢（又稱液態切片）技術，也就是透過採集血液或尿液中的細胞與 DNA

等對疾病作出診斷，因為具有非侵入性與可週期性採樣，不用如過去癌症必須對病人進行侵入式的組織切片，因此，已獲得麻省理工科技評論（MIT Technology Review）評選為 2015 年十大重要技術。

　　至於台灣在精準醫療檢測診斷產業的發展上，估計已有約 30 家的基因檢測服務廠商，主要提供醫學檢測與診斷服務。由於美國在 2018 年 3 月將次世代基因定序用於癌症檢測納入全國性醫保，為患者給付部分基因

檢測的費用，而台灣也在跟進中，可望帶動檢測診斷產業的發展。目前台灣在提供基因檢測服務的廠商有行動基因、麗寶、基龍米克斯、金萬林，訊聯、創源、有勁與慧智等。

就分子檢測的所需的技術工具及儀器設備來說，目前仍然以歐美國家廠商為主，但台灣也有體學、奎克、華聯、上準、博萊等公司投入，分別開發比 Illumina 更新的第三代定序技術，多重基因檢測晶片或循環細胞液態活檢等技術，包括晶片及儀器設備。

新標靶藥物及免疫療法

對於精準治療產業，2017 年全球精準治療藥物市場約 2,009 億美元，約占全體藥物市場的 17.7%，到 2022 年精準治療藥物市場將可達到 3,415 億元，約占全體藥物市場的 25.7%；其中美國精準治療藥物市場約占一半。目前已經上市的藥物主要為癌症、免疫、抗病毒、代謝與中樞神經疾病等為主。由於精準藥物可以讓藥廠在開發藥物時，透過生物標記引導研發方向、訂定適應症、或進一步篩選受試者，因此可縮短新藥開發及臨床試驗的時程，降低開發的費用與風險，因此，全球各大藥廠包括 Novartis 與 Roche 等，都積極

運用分子檢測投入精準治療藥物的開發。

　　除了標靶藥物之外，免疫療法（ immunotherapy ） 則是精準醫療中最新的發展，2018 年諾貝爾醫學獎得主分別頒給美國免疫專家 James Allison 及日本免疫學家本庶佑，也宣告世人精準醫療免疫療法的新世代已經來臨。免疫療法是利用藥物重啟免疫細胞功能，運用病患自身的免疫力對抗並殲滅癌細胞，最著名的就是免疫檢查點抑制劑（check point inhibitor）， 例如針對 PD-1/PDL-1 的癌症免疫療法，就是已經臨床試驗證實的新藥。

2017~2022 年全球精準治療藥物市場預測

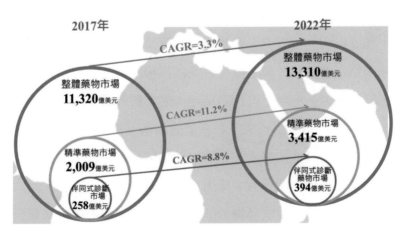

資料來源：GlobalData、MedTrack 資料庫，各公司財報；DCB 產業資訊組。

　　除了藥物之外，直接調控活化人體的各種免疫細胞，也就是後續將另外討論的細胞療法，也是另一種免疫療法，目前已經成為癌症治療的顯學。唯不論是那種免疫療法，成功率都只有 20% 左右，且可能引發各種副作用，因此利用基因等分子檢測來分析腫瘤基因突變狀況及其免疫微環境，以預測及選擇適合免疫療法的對象，成了精準醫療的重要課題。

　　台灣在精準醫療上的發展，除了 2016 年中央研究院、台大醫院與長庚醫院參加美國發起的「Cancer Moonshot 2020」計畫外，政府也將精準醫療納入生醫產業創新行動方案，並規畫透過跨部會整合，建立台灣癌症精準醫療智庫平台。此外，政府也委託中央研究院建置台灣人體生物資料庫，預計到 2024 年前招募 20 萬名 30~70 歲的成人，針對本土常見疾病進行研究，期能找出台灣常見疾病的原因。行動基因總經理陳華鍵說，由於台灣族群相當多元，可說是華人族群的縮影，也幾乎可代表東亞人的多數族群，等於覆蓋全球 27% 的人口，是地球上最有價值的基因資料庫。

　　台灣的精準治療產業主要以使用國外藥廠開發的癌症藥物為主，抗病毒則居次，兩者合計占超過 7 成的市場。國內生技業者在精準醫療藥物的開發比較落後，只有少數新藥公司，已經開始運用基因及分子標記等工具，但也有幾家國內

藥廠，開始投入在專利即將過期的標靶藥物學名藥的開發。基本上，台灣就精準藥物的開發還在入門階段，相較於歐美的藥廠，台灣廠商的規模又都很小，在藥物研發上會比較艱辛。

細胞與基因治療

細胞治療（cell therapy）是指使用人體細胞經體外增殖再輸回病人體內以治療特定疾病的治療方式；目前主要分為免疫細胞療法與幹細胞移植。現階段的免疫細胞治療包括免疫 T 細胞、自然殺手細胞、樹突細胞與 CIK 細胞等，美國國家衛生院已經將免疫細胞治療烈為手術、放化療外的第四項癌症治療方式。幹細胞治療則是將胚胎幹細胞、間質幹細胞或造血幹細胞等分化、發育成骨骼、血液或全身器官組織等，其未來的應用深受期待。至於經由基因修改去治病的基因治療（gene therapy）則在更早期發展階段，目前全世界只有極少數通過臨床的基因治療藥物。

依據 Worldwide market report 研究報告指出，2018 年全球包括細胞治療（含基因治療）產品市場規模約 81.3 億美元，估計到 2022 年市場規模將達到 186.5 億美元，其中癌症免疫細胞療法及細胞／組織修復產品，因在各國法規與政策

的推動下，將成為主要成長的項目。

　　107 年 9 月 4 日我國衛福部開放自體 6 項細胞治療技術，開放自體周邊血幹細胞移植、免疫細胞治療、脂肪幹細胞移植等，其中自體細胞治療癌症的領域大幅調整。原有在「恩慈」療法規定病人需要在危及生命且嚴中失能，以及國內無適當藥物或替代療法，加上醫師要在人體試驗時訂定「附屬計畫」，經過申請通過才能進行。如今在特管辦法下，納入了血液惡性腫瘤，如血友病、多發性骨髓瘤，以及末期的肺癌、胃癌、一至三期實體癌經標準療法無效者，均可適用自體細胞免疫療法。

全球細胞治療產品市場規模

資料來源：Worldwide market report；DCB 產資組 ITIS 研究團隊整理（2019.07）。

　　隨著特管辦法通過，國內生技業者也摩拳擦掌投入抗癌市場；包括有基亞、訊聯與尖端公司投入細胞培養庫，震泰與育世博合作開發 CAR-T 治療抗體，博惠與和鑫則投入癌症免疫細胞療法等。法令通過一年多後，已經有 27 家醫療院所，提出 84 個申請案，到 2019 年 8 月止，有中國醫藥大學附屬醫院、三軍總醫院與花蓮慈濟醫院通過申請，分別是應用在癌症與慢性腦中風的治療上。衛福部預計到 2019 年 10 月總計可通過 10 個個案的申請。

醫事司石崇良司長至協會「與政府有約」活動分享特管辦法。

　　事實上，除了台灣通過特管辦法，包括美國、澳洲、日本、韓國與中國大陸等，都對細胞治療的產業發展端出政策牛肉，希望能協助細胞治療趕快應用到臨床上。因此，育世博公司總經理蕭世嘉建議，台灣可以多獎勵細胞治療的臨床試驗，也讓國外的細胞治療公司到台灣進行臨床試驗，譬如：澳洲政府就提出退一半的費用給臨床試驗者的獎勵。如果台灣可以鼓勵國內外的細胞治療在台灣進行，不但可以讓病人有受試的機會，也可以打響台灣在細胞治療產業的知名度。

　　相較於要和歐美幾十年或百年的大型藥廠競逐新藥的領域，訊聯董事長蔡政憲認為，就基因與細胞治療，由於台灣與其它歐美國家都在同一的起跑點上，甚至於台灣慈濟醫院的骨髓細胞庫，以及 2005 年台灣最早辦理全民健保所累積的健保就醫資料等，都讓台灣在發展基因 / 細胞治療上，反而具有一些利基。尤其在 107 年通過特管辦法後，連美國都注意到台灣的發展，且對鄰國也形成壓力，因為這些鄰國都擔心病患會轉到台灣治療。所以，透過細胞治療極有可能可以帶動台灣的國際醫療。

　　不過，在台灣各界看好細胞治療的發展的同時，日本現階段多將細胞治療當作是輔助性療法，且從多個案例中，發現日本癌症患者在花幾百萬日圓投入細胞治療後，仍未見到

台灣團參與 Bio Japan 日本生技大展合影。（照片提供：生醫推動小組）

重大療效，因此，細胞治療或可為患者帶來一線機會，但顯然還不是萬靈丹。通過將免疫細胞療法運用在搭配其它的療法來抗癌，被醫學界認為是目前比較可行的方式。

　　在免疫細胞之外，幹細胞治療則深受醫療界的期待，日本京都大學教授中山伸彌因研發成功 IPS 細胞，也就是所謂的誘導性多能幹細胞，又被稱為萬能細胞而獲得諾貝爾醫學獎，目前日本已經有京都大學、慶應大學與大阪大學等開始用 IPS 細胞治療的研究，已經進入臨床試驗的包括有應用在視網膜病變、心臟與脊椎病變等試應症。希望能藉由 IPS 細

胞達到低免疫原性異體細胞治療的目的。或許有朝一日心臟病人可以不用換心臟，只要透過幹細胞療法就能解決病痛。

　　台灣特管辦法通過准許自體細胞治療癌症是開起細胞治療的第一步，國內相關業者也從細胞儲存為主的產業，逐漸轉向細胞治療與相關產品開發。未來如異體細胞移植的再生醫療製劑管理條例能通過立法，透過異體細胞具有一次製程可以提大量的細胞凍存來源，進而能降低成本費用；加上擴大應用在再生醫學與美容等健康人身上，則台灣將建構從細胞收集、保存、臨床研發與應用、生產以及相關的保險服務的產業鏈。尤其我國具有半導體與光電產業的優勢，如果能結合 AI 技術與細胞數據資料，將有機會使台灣成為亞太地區智慧化細胞產品的生產基地，供應整個亞太地區的需要，進而帶動周邊相關產業的發展。

　　全球精準醫療的發展正在起步階段，雖然一滴血就能進行 200 多種檢驗的 Theranos 公司，已經被證實是美國矽谷的大騙局。但是伴隨次世代基因定序的快速發展，及各族群基因及生物資料庫的擴大，加上癌症檢測納入醫療保險，以及人工智慧與大數據的導入與運用，精準醫療的腳步將持續加快。

生技新藥開發與量產

　　在全球人口持續增加與高齡化的影響，全球藥品市場也穩定成長，依據 IQVIA 的統計，2018 年全球藥品市場的規模約 1.2 兆美元，估計到 2023 年將達到 1.5 兆美元以上。但在藥品市場規模穩定成長的同時，各國政府同時面臨健保醫療支出增加的壓力。要控制用藥費用成長，美國政府不得不加速學名藥與生物相似藥的審核，以提高藥品市場的競爭，壓低高藥價，學名藥與生物相似藥品的使用，也將成為全球

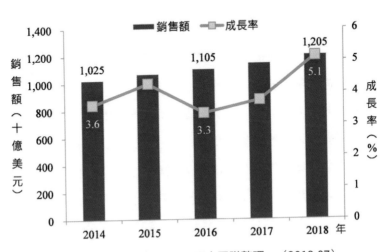

2014~2018 年全球藥品市場規模

資料來源：IQVIA；DCB 產資組 ITIS 研究團隊整理。（2019.07）

藥品開發的重要趨勢。

　　更甚者，隨著基因定序科技的演化，近幾年精準醫療的癌症標靶藥物及免疫治療藥物，都成為全球生醫界相繼投入的重要項目。因此，在藥品開發上，雖然小分子藥品的研發還是占一半以上，但蛋白質與抗體藥物的發展也相當迅速，可預期的是未來生物藥品的占比將逐漸的提升。以台灣為例，雖然西藥製劑是台灣製藥業的主力，但 2018 年產值成長最大的是生物製劑，較 2017 年成長超過 10%。

大分子生物藥物

　　近年來生物藥品（biologics） 如蛋白質藥物等是驅動全球藥品市場市成長的主力，尤其癌症免疫療法、細胞療法等的興起，更將帶動創新生物藥品的發展，因此，2018 年美國 FDA 核准的新藥中，生物藥品與抗體藥物的數量就持續增加。不過，受到各國政府壓抑藥價，鼓勵生物相似藥的開發下，也為生物相似藥的發展帶來機會。2018 年全球生物藥品的市場規模就達到 2,430 億美元，且較前一年成長超過 10%。

　　台灣的生物藥品過去主要以血液製劑、人用疫苗與抗蛇毒血清為主，但在政府支持新藥開發下，近年來在生物藥

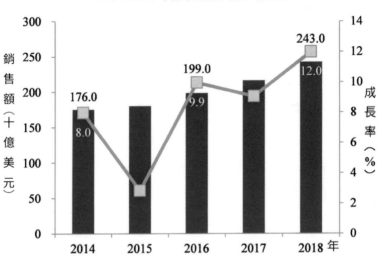

2014~2018 年全球生物藥品市場規模

資料來源：EvaluatePharma；DCB 產資組 ITIS 研究團隊整理（2019.07）。

品新藥研發上，也有些成果。包括中裕用在治療愛滋病的抗體藥品 Trogarzo 取得美國的藥證，而藥華的干擾素新藥也獲得歐洲藥品管理局的新藥上市許可，兩家公司都已在台灣生產藥品供應給國際市場。此外，基亞投資的日本 Oncolys BioPharma 公司開發的溶瘤病毒新藥也授權給日本中外製藥公司，總授權金達到 500 億日圓。台灣的生技製藥業者正積極投入生物藥品的開發。

　　依據財團法人生物技術開發中心的統計，截至 2019 年

5 月底止，台灣自 IND 到進入臨床試驗及 NDA/BLA 審查中的生物藥品新藥共有 86 件，其中有 22 件已經進入臨床三期。除了新藥之外，專利過期的生物相似藥也有相當大的發展空間，例如泰福的重組蛋白質生物相似藥已在北美 NDA 審查中，有機會成為台灣第一個在國際上市生物相似藥；而永昕生物引進華安醫學的細胞量產技術平台，為韓國廠商生產生物相似藥，也準備進入市場。隨著台灣生醫廠商在生物藥品的開發腳步邁開，生物藥品有機會成為台灣製藥產業的成長動力之一。

小分子化學藥物

至於由化學合成的小分子新藥研發，台灣也有數十家生技公司投入，且已陸續展現成果。例如太景、藥華、智擎、台微體、健亞、杏國等都已有產品上市或在臨床三期試驗，其中智擎的胰臟癌新藥 Onivyde 獲得美國 FDA 通過上市，前景可期。

另外，台灣有許多傳統的西藥製劑廠商以生產製造小分子學名藥為主，受到全民健保逐年調降藥品給付價格政策影響，台灣學名藥市場的成長趨緩，因此，台灣的學名藥廠紛

紛朝擴大拓展外銷市場，以及開發高附加價值學名藥、改良型新藥或植物新藥等方向發展。

依據食品藥物管理署的統計，2019 年 8 月台灣總計有 142 家 PIC/S GMP 西藥製劑廠，28 家原料藥 GMP 工廠；另外，台灣還有將近 90 家的中藥 GMP 藥廠，2018 年製藥業的總產值大約為新台幣 700 億元。

至於中藥與植物新藥，因華人向來將中草藥融入食補中，中、西醫併存向來是華人社會的主要台灣醫療模式。台灣中藥與植物新藥的廠商規模雖然不大，且以生產傳統的製劑為主，但近年來已經有生醫廠商投入中藥新藥與植物新藥

的研發。依據財團法人生物技術開發中心的統計，到 2019
年 5 月為止，總計有 37 件的植物新藥或中草新藥進入臨床
試驗階段，以治療癌症有 12 件最多。

逸達生技公司總經理，也是前生技中心執行長甘良生指
出，台灣在極盛時有 5、600 家學名藥廠，到現在剩下 100
多家，事實上，台灣學名藥廠做的學名藥的純度，甚至比原
廠藥還要好，但業者如果持續在學名藥的領域發展，總是要
面對健保給付縮減，藥價偏低的經營難題。甘良生認為，這
些學名藥廠與其繼續在學名藥的領域發展，倒不如依據生技
新藥發展條例的獎勵辦法，成立研發型的生技公司，再與醫
生們討論，選擇適當的學名藥，先投入新劑型的開發。

藥物量產與研發服務

在全球醫藥產業的研發成本愈來愈高，且各國政府對於
藥品的品質要求愈加提升下，帶動各國藥廠對於生技服務公
司，包括委外研發服務（CRO）及委外生產服務（CMO）
的需求。雖然歐美國家還是居於委託服務市場的大宗，但隨
著新興國家如中國大陸等臨床試驗的件數成長，更帶動新興
國家藥品委託服務市場的快速增長。不過，面對 CMO 市場

的競爭逐漸加劇，且成本控制不是藥廠選擇 CMO 公司的唯一考量，因此，CMO 公司慢慢發展新的營運模式，其中轉變為委託開發暨生產服務 CDMO，讓藥廠可以獲得一站式的服務，則成為近來委託服務產業的主要方向。

全球生物藥 CDMO 市場的增長幅度較化學藥物大，高過整個製藥產業的成長幅度。依據三星生物年報的估計，2018 年全球生物藥 CDMO 市場的規模約有 110 億美元，到 2025 年生物藥的 CDMO 市場可望達到 300 億美元。

台灣的大分子生物藥 CMO 產業，隨著廠商的產能逐漸擴增，以及拓展國際市場逐漸看到成果下，成長的動能已慢慢加溫。另外有些公司如永昕醫藥與台康生技則逐漸將研發與生產結合，提供 CDMO 的服務，更自行投入生物藥或生物相似藥的開發。

在小分子化學藥量產方面，原料藥（active pharmaceutical ingredient ）則是機會與挑戰並存，一來因為新藥加速上市與新興市場的使用增加，為原料藥業者帶來機會；但各國政府為降低醫療支出，降低藥價與鼓勵使用學名藥，勢必會影響原料藥的市場成長，加上印度與中國大陸原料藥的低價策略，更讓原料藥的競爭加劇，連帶掀起國際原料藥藥廠的整併風潮。台灣的原料藥藥廠，包括台灣神隆、旭富、祥翊、

展旺與生泰合成等，除分別除了投入開發新的利基商品外，上下游中間體與製劑廠商的整合，以及擴大外銷市場的行動，正在陸續展開中。

至於藥物研發委外服務方面，在全球製藥公司面對降低成本的壓力下，促成藥廠加快了專業化委外的速度。依據財團法人生物技術開發中心的研究，2018 年全球 CRO 的銷售額約達 501 億美元，到 2022 年將可達 723 億美元，而 2018 年全球 CMO 的銷售額約 405.5 億美元，到 2022 年可達 495.3 億美元，每年都穩定的成長。雖然 CRO 與 CMO 以北美市場占比超過 4 成為最高，但未來重心將隨著中國大陸、印度與韓國市場的崛起，而慢慢轉向亞太地區。

台灣的藥物研發委外服務產業，由於台灣醫學中心臨床試驗的品質高，吸引了一些國際級的 CRO 公司在台灣設點，加上併購國內原有的 CRO 公司後，台灣的臨床試驗的委外服務能量已逐年提升，但本土服務廠商則只能維持在較小規模。依據生技中心的研究統計，到 2019 年取得我國「藥物非臨床試驗優良操作規範（GLP）認證的有 15 家，通過 TAF 的經濟合作發展組織的 GLP 符合性登錄則有 8 家。

基本上，台灣目前藥品研發委外服務的市場規模還不到百億元，且又面臨中國大陸、印度與澳洲等國的競爭，因

2015~2022 年全球 CRO 市場規模

資料來源：BCC Research；DCB 產資組 ITIS 研究團隊整理（2019.07）。

此，廠商或透過上下游的整合，以期能共同跨向國際市場外，善用國內資通訊的產業優勢，也是可以考量的策略。

　　事實上，CRO/CMO 公司藥明康德公司就與 AI 公司 Insilico Medicine 公司合作，運用 AI 技術開發臨床前藥物候選分子，以縮短藥物的開發時間。台灣的藥品委託服務業者或能結合資通訊廠商，以提供具有利基性的委託服務。

　　關於新藥開發及量產的全球發展趨勢，台灣生物產業發展協會副理事長馬海怡博士說，在人類基因圖譜解碼，基因圖譜分析愈來愈清楚後，會使得新藥開發的時程更快，所開

發的藥效也會更好，但相對的可適用的病人數也會減少，藥
的銷售總額可能會降低，因此，整個產業的資金、人才與技
術等，勢必會朝全球化合作發展。馬海怡認為，過去 20 年
台灣已經培養一些人才，但新藥開發的創造力還是有再加強
的空間。基本上，台灣要投入新藥開發，馬海怡認為，由於
台灣開發新藥的速度比不上美國，因此就必需創造差異化，
否則就算開發出來，賣不出去或賣不好，也不能算成功。

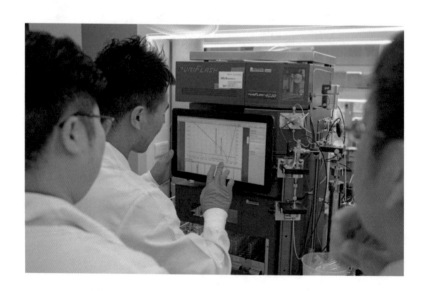

智慧醫療與創新醫材

　　醫療器材產品雖然包羅萬象，但從未來成長的角度來看，將以結合 AI 人工智慧、大數據及網路通訊科技的智慧醫療與創新醫材最有發展機會。根據 Trend Force 的研究指出，2021 年全球醫療器材的產值將高達 5,000 億美元。全球主要前三大單一市場，分別為美國、德國與日本，而亞太新興國家市場的成長動能則最強。加上全球人口老化，更會帶動對智慧醫療照護、分子診斷、智慧輔具，以及心血管、牙科、眼科、再生醫學等需求。

　　此外，面對個人化精準醫療的世代，加上各國推動遠距醫療，以期能降低健保費用支出，全球醫療器材產品的開發，將朝向智慧、精準與簡易使用，特別是搭配藥物與資通訊產業，讓醫療器材產品呈現更多元化發展。

　　泰博科技公司董事長陳朝旺認為，遠距醫療與居家照護，以及大數據和雲端市場，都是醫療器材產業未來發展的趨勢，台灣本土市場規模小，業者只有不斷開發新產品，才有機會拓展全球市場。不過，要將醫療器材賣進國外市場，陳朝旺認為，需要本國有良好的銷售實績，且在各國保護經濟興起下，均對外國業者提高認證費用，並往往需要在當地

Biotechnology Innovation
and Industry Transformation

重新做臨床試驗。

他表示，正因為台灣本土市場小，醫材業者規模小，更需要政府的支持，特別是在認證制度上。他建議，台灣應可採取歐盟授權第三方公正國際驗證單位進行驗證的制度，以提升驗證效率，並避免重複驗證及查廠。再者，為發展新興的智慧及遠距醫療，包括美國、日本、歐盟與澳洲等國家的政府，都特別提供醫院點數補貼；另外也希望能提供本土市場做為試驗場域，例如以色列與瑞士等國家，都以本土市場提供業者練兵的機會。

目前台灣的醫療器材廠商大約有 1,000 多家，但多停留在較傳統的產品。早期醫療器材產品出口以醫療用手套為大宗，慢慢進到血壓計與輪椅代步車，而現在則以血糖監測產品與隱形眼鏡等為主，目前血壓計與代步車的市占率為全球前三大，但多以生產製造為主，對智慧醫療及創新醫材的著墨十分有限。最近透過跨業整合，已看到有大立光、和碩等公司投入，希望將台灣的隱形眼鏡從製造走向品牌。

智慧醫院

電子資通訊及 AI 技術也可以用在提升醫院效率，而數

位化只是智慧醫院（smart hospital）的基礎。台北醫學大學附設醫院陳瑞杰院長表示，如何透過數位化收集資訊，經過運算產生智慧，使未來的病人受惠，才是智慧醫院的真正精神。目前智慧醫院的發展才剛開始，還沒有產業化，也還沒看到整體運作的好案例，但可以確知的是，未來哪一家醫院先做好，就會更有競爭力。「用心改變流程，讓病人有感」才是智慧醫院的本質。

　　面對高齡化與醫護人力的不足，智慧醫院自然成為改善國內醫療環境的契機。北醫陳院長表示，該院透過智慧醫院的推動，經由流程的改善，不但全院無紙化達到 97%，病人

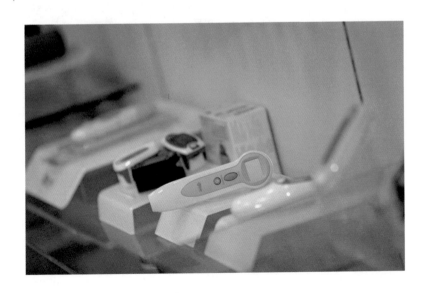

平均住院天數與加護病房的住院天數都顯著下降，更讓過去可以容納 2,000 多人的醫院，現在每天可以服務 5,000 人，尚不會顯得擁擠。

推動智慧醫院，第一步是要先進行所有流程的數位化，但這需要將全院當作一個整體去考量，而不是只有醫院的某一個部門或單位；再來就是要讓醫療團隊與資訊工程師可以有效地溝通，因此跨領域的人才就非常重要。至於談到遠距照護或 AI 醫療，數位化都是第一步。

不過，數位化仍然只是工具，主要目的是要達到不延診、不誤診、早期預測、讓病人有感。所以，在北醫，透過遠端的照護系統，參加臨床試驗的病人可以在家做；病人可以在診間就完成所有後續檢驗等排程，不需要拿著檢驗單樓上樓下跑；高階健康檢查只需要 3 個小時就能看到報告；住院病人出院，只要在病房就能辦完手續；

台北醫學大學附設醫院陳瑞杰院長

未來希望能透過 AI 深度學習，完成診斷模組。如此，AI 協助醫師臨床決策將不是夢想。

雖然智慧醫院的產業化才剛開始，但依據 Frost&Sullivan 產業顧問公司預估，到 2025 年智慧醫院相關科技市場會來到 1,600 億美元，內容包括有雲端運算、遠測監測系統、病房照護系統以及資料分析、決策輔助等。因此，國內除了各大教學醫院有投入在智慧醫院外，包括廣達、華碩、宏碁與緯創等公司，也都與醫院合作開發雲端健康照護、輔具與行動醫療設備等。

面對人口老化與全球市場對於智慧醫療及創新醫材的需

求，台灣醫療器材產業的發展，應朝結合電子、資通訊、複合材料、半導體與精密機械等科技，強化醫療器材的創新研發能量，期能開發高附加價值的產品及應用，包括創新的高階醫療影像、體外診斷、呼吸監測、微創機械手臂與智慧照復健等。此外，從治療到預防與健康的居家醫療照護器材及系統，也需要透過跨業的整合來實現。

營養保健與微生物

全球人口老化與少子化，使得各國對於「吃得安全與活得健康」的需求愈來愈高，食品及農業生技的發展也更加被重視。包括量子基金創辦人 Jim Rogers、香港首富李嘉誠、台灣的金仁寶集團、台達電與億光等公司，也都轉投資農業生技相關領域，他們都相信創新的農業與保健食品，將主導未來幾十年的投資浪潮。我國的櫃檯買賣中心也於 2016 年 9 月在掛牌產業類別中新增「農業科技」類股，讓農業科技公司也有較多的募資管道。

精準農業生技

精準農業指的是充分運用基因科技，以天然卻又精準的方式，提升產品價值的農業科技。正瀚生技公司董事長吳正邦說，精準農業全球市場規模在 2022 年至少可達 112 億 3 千萬美元，從品種學、農化產品、晶片與基因資訊、大數據、互聯網、無人機、農耕設備等，台灣在好幾個領域都有機會。

尤其精準農業是架構在以資訊與技術為基礎的農業經營管理系統，讓農民可以擺脫「看天吃飯」的宿命。特別是根

據聯合國糧農組織的估算，到 2050 年全球人口將逼近 90 億人，屆時糧食必須比現在增產 70% 才夠滿足全球吃的需求，因此，要提高農作物的質量與產量，就需要仰賴基因及資訊科技的數據分析。

長久以來，台灣的農產品的質量都不錯，一直是亞洲農業科技的輸出中心，在種子種苗、水產養植、觀賞魚、蘭花與菇蕈產業等，都掌握有關鍵技術。依據財團法人生物技術開發中心統計，2018 年我國農業生技以植物組織培養苗的產值貢獻最大，尤以蝴蝶蘭苗為大宗，我國並曾供應全球近三成的蝴蝶蘭，有「蘭花王國」的美譽，但近年則受到荷蘭與中國大陸分食美國、日本與東南亞等國市場。

吳正邦說，過去農業的發展應因地制宜，讓農產品因應環境的需要去做調整，但現在在基因與大數據科學，以及品種與農化產品的發展下，精準農業已經是要講究農產品的內涵，如日本越光米會要求控制胺基酸，食

正瀚生技吳正邦董事長

2018 年我國農業生技各次領域產值占比

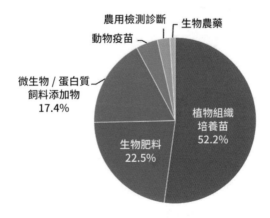

資料來源：2019 年「我國生技醫藥產業廠商問卷調查」，上市櫃公司財報 / 年報；DCB 產資組 ITIS 研究團隊調查推估（2019.07）。

品安全與營養成分的控制都成為近代農業生技的重點。

　　台灣雖然有發展精準農業的機會，但存在農業管理法等法規跟不上時代，以及高階人才短缺的問題。吳正邦說，現代的精準農業也是生命科學的一部分，不再只是農業學系的授課內容，在生命科學科學學系的課程中，應當也要納入精準農業的課程。

　　在法規方面，吳正邦強調修改法規的重要性，他認為政府雖然有心，但找來產官學界坐在一起討論，光是德國派主張負面表列的學者，與美國派主張正面表列的學者，兩派學者就相持不下，難有進展；因此他建議政府可考慮採行美國制度，因為美國是農業大國，就算有問題也會在前面擋著。否則修改法規牛步化，用牛車時代的農業管理法來管理現代精準農業的發展，只怕時不我予。

微生物基因體與食品生技

　　微生物包括細菌、真菌、原生蟲、藻類與病毒，它可以是讓人上吐下瀉的沙門氏桿菌，使人感冒的病毒，或者引發香港腳的真菌；但也可以是護人腸道的益生菌，美味的味噌或治病的盤尼西林。但目前最受矚目的卻是人類微生物基因

體學（microbiome）。由於在人體內各種微生物種類複雜而繁多，透過基因定序進行大規模的微生物基因分析，才能真正了解這些微生物對個人健康和疾病的影響，也因此能精準開發出適合個人的微生物族群及產品。

事實上，從人類微生物基因體的研究中，已經確認腸道微生物菌相可能與疾病相關，而益生菌或益生質可能有助於改善健康，所以，也已經有廠商依據個人的微生物組的檢測結果，提供個人化的營養保健品。譬如：大江生醫與特安康等公司就投入開發精準化的個人營養保健品。近年來，醫學界更是證實益生菌對腸胃道、免疫與過敏、代謝症候群與血壓、血脂的調節與護肝等方面，都具有一定的功效。近年來，歐美國家也已開始研究益生菌對腦神經系統的影響，希望能用食用益生菌來為憂鬱症找解方。

而較諸於動植物，微生物發酵生產具有生長速度快，在適宜的條件下，一個細胞在十四小時可以成長超過二億五千萬個，但如果是動植物的基因轉殖，一個產品上市可能需要十幾年，加上微生物發酵使用的原料價格低廉，所以微生物在醫療保健領域的產品，是相當值得發展的。

葡萄王公司董事長曾盛麟指出，在預防勝於治療的觀念下，帶動大健康市場的商機，根據 Euromonitor 的資料，

葡萄王公司董事長曾盛麟

2018 年全球營養保健食品的市場規模為 1,063.8 億美元，估計到 2022 年全球保健營養品市場規模可達 1,308.6 億美元，在市場持續成長推動下，國內很多食品與藥廠都投入保健食品的開發，直至 2019 年 7 月，全國獲得健康食品認證的產品已達 442 項，這也讓市場競爭更趨激烈。

目前在國內已獲得健康食品認證的產品中，以調節血脂功能的產品占比最高，約占有三成；其次為腸胃功能改善的占 17%，免疫調節功能與護肝則各占有 10% 左右。由於美國及日本都是保健食品大國，台灣保健食品業者不但要面對國內同業的競爭，也受到美國與日本等國產品的進口競爭壓力。

談到微生物和基因體的研發，財團法人食品工業研究所所長廖啟成說，食研所的菌種保存中心是以保存產業應用為導向的菌種為目的，目前在全世界大約七百多個菌種保存中心中，食研所排在前十名內。保存中心除了保存菌種外，最重要的是提供菌種的鑑定服務，因為，廠商要請專利或將

產品上市，都必須先行經過鑑定，完成相關的智財權保護，這對產業發展非常重要。

廖啟成說，除了我們熟知的益生菌外，包括靈芝、紅麴、冬蟲夏草與樟芝等，都屬於微生物研究的範疇。在國家型基因體計畫中，食研所就負責紅

食品工業研究所廖啟成所長

1999~2019 年 7 月取得健康食品認證之產品功效訴求占比

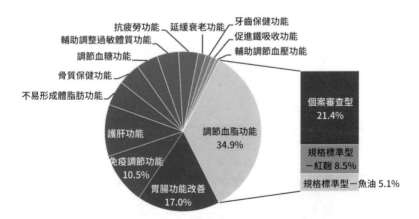

抗疲勞功能　延緩衰老功能　牙齒保健功能
輔助調整過敏體質功能　　促進鐵吸收功能
調節血糖功能　　輔助調節血壓功能
骨質保健功能
不易形成體脂肪功能
護肝功能
免疫調節功能 10.5%
胃腸功能改善 17.0%
調節血脂功能 34.9%
個案審查型 21.4%
規格標準型－紅麴 8.5%
規格標準型－魚油 5.1%

註：因採四捨五入計算方式，故各功效訴求占比之個別數據與與加總數據稍有差異。
資料來源：TFDA；DCB 產資組 ITIS 研究團隊（2019.07）。

麴的基因定序工作。廖啟成說，紅麴是台灣特有的菌種，且也已經證明紅麴對降低膽固醇有一定的功效。近年來，我國的紅麴產品市場成長很快，從開始的 2 億元現在已成長到超過 50 億元。

前台大生化系教授潘子明是 NTU 568 與 NTU 101 兩個菌株的發明人，他也是早期台灣生物產業協會學刊的總編輯。他指出，台灣的發酵產業發展的很早，台灣的味精工業的產值在全世界曾位居第一，而微生物相關的產品，在國內的保健食品品項中，約占有將近 40%。台灣生物產業協會就

前台大生化系潘子明教授

是在這微生物發酵工業的背景下，由台大農化系蘇遠志教授號召味全、味王、味丹等公司，在 1989 年成立。

台灣從早年味全與味王等食品業依賴發酵技術生產味精或醬油，養樂多公司的養樂多，統一公司的 LP33 優酪乳，到近年來葡萄王公司的益生菌或靈芝，台糖公司的冬蟲夏草與牛樟芝，以及晨暉生技的紅麴產品等，都是運用微生物特性的生技產品。未來微生物在生技產業上的應用，包括有醫藥、環保、保健食品、農畜產品與能源等。

微生物保健食品的發展前景雖然不差，但台灣國內市場的規模終究有限，產業如果要能有更大的發展，潘子明說，業者勢必要跨向國際市場。但台灣廠商如果要跨進美日等國家的市場，就必須提得出充分的科學根據。此外，目前國內存在著保健食品的亂象，以益生菌的產品為例，不乏有只靠廣告行銷的廠商。因此，產業界必需透過自律，以避免劣幣驅逐良幣。以台灣發酵工業的堅實基礎，潘子明認為台灣微生物保健食品業將大有可為。

Chapter *4*

尋找產業的閃亮鑽石與錢潮

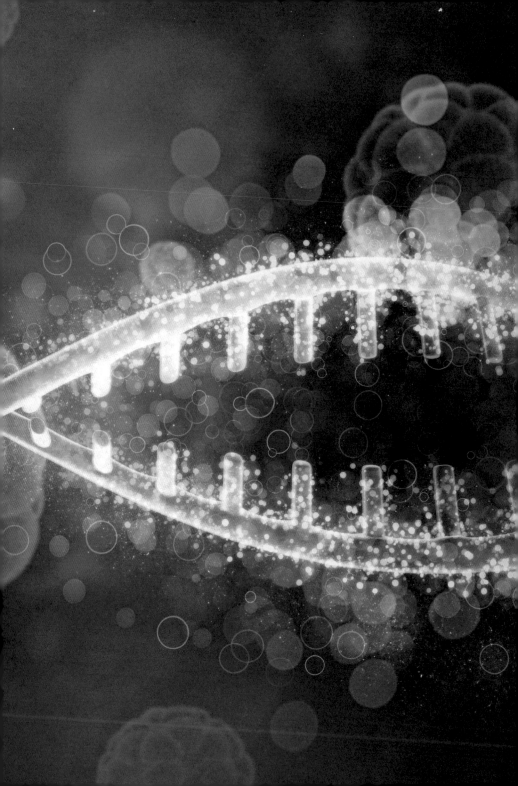

育世博生技

將抗體與細胞如魔鬼氈的貼合技術，啟動人體免疫大軍

在美國食品藥物管理局（FDA）通過癌症免疫細胞療法後，CAR-T 治療藥物在全球生技產業藥界已經刮起一陣熱

旋。育世博公司總經理蕭世嘉說，人體免疫系統與癌細胞就像是蹺蹺板的兩端，只要免疫系統強，癌細胞弱，癌症就不容易發作；反之，一旦免疫系統受到基因突變或環境的影響而失去功能，癌細胞比免疫系統強時，就容易讓癌症發作。免疫細胞療法就是要修復免疫細胞的功能，啟動免疫系統大軍來消滅癌細胞。

　　2016 年在台成立的育世博公司，是由蕭世嘉與前羅氏藥廠全球技術營運總裁楊育民共同創辦，蕭世嘉負責研發，楊育民則主控製程。育世博公司的「抗體—細胞接合技術」（Antibody-Cell Conjugate）是由蕭世嘉在美國時，以美國政府提供的 50 萬美元加上天使投資人的資金開始發展，至於會選擇回台灣設立公司，蕭世嘉說，主要考量產品要能做出來，製程相當重要，透過對日本、美國、中國大陸與台灣的 CMO 一番研究後，決定將產品生產要在台灣落地。

　　不同於現在的癌症治療方法，經常會面臨治療過程，只要癌細胞沒有被清除乾淨，留下的癌細胞又快速成長與突變後，會產生抗藥性，導致原有化療或者標靶治療失敗；具有長期緩解效果的免疫細胞療法，則是將癌症當作一個系統化的疾病，運用人體原有的免疫系統對癌細胞進行攻擊，有望將癌細胞殺乾淨，因此，免疫細胞療法才會被認定，可望為

癌症治療帶來曙光。

目前免疫細胞療法有兩大方式，一者是將細胞提取出來強化後，再輸回患者體內，另一則是將生物分子打進患者體內，以激活患者的 T 細胞或 NK（自然殺手細胞），以對抗癌細胞，育世博與 CAR-T 都是屬於前者。由於育世博的 AC（Antibody –Cell Conjugate）技術平台是以將像是魔鬼氈的共價鏈，把生物分子或抗體連結到 NK 上，就像是把能夠辨識癌細胞的導航重新裝到喪失功能的 NK 細胞上，如此就能把抗體與 NK 細胞連結到正確的位置，應用抗體結合免疫細胞，來啟動人體的免疫機制，導引清除癌細胞。

育世博與 CAR-T 雖然是同性質的療法，但蕭世嘉強調，CAR-T 只針對血液與循環系統的癌症，譬如血癌或淋巴癌等，對於實體癌的應用較少，加上 CAR-T 必須經過抽血、細胞培養、再輸打進人體等繁雜的過程，以致於整個療程的費用高達 47 萬美元以上，不是所有癌症患者都有能力負擔。至於育世博的 ACC 技術平台，是以化學方法改造以進行細胞激化，只要兩小時就能將抗體結合在免疫細胞上，突破 CAR-T 療法需要經過基因改造，且必須在人體外經過長時間培養的技術難點，因此 ACC 不但可避免 CAR-T 因經過基因改造，可能有細胞突變的疑慮，安全性相對較高，且化

學改造做細胞激活，比 CAR-T 方法更強大與簡便，可望對實體瘤有效，價錢上也大約只有 CAR-T 的百分之一。目前育世博在動物實驗中，更發現可確保 5~10 年不復發。因此，蕭世嘉認為，抗體結合免疫細胞的產品品質高，以及可用來治療實體癌，是育世博技術平台含金量最高的地方。

　　除了技術的特點外，蕭世嘉深知育世博是新創生醫團隊，不能像是國際大藥廠，可以如同一支龐大的步兵團，進行傳統步軍作戰，必須讓育世博要保持特種部隊的靈活度。除了要非常清楚自己的定位與發展的時程目標，更要對關鍵技術寸土不放，在尋求突破自己的技術瓶頸外，技術發展的時程訂定，預算與執行力都很重要，才不會讓外界對新創生醫團隊生疑，甚至失去信心。

　　由於蕭世嘉是從美國開始發展，因此，育世博的發展策略，除了在產品與技術上要求與其它現存公司有區隔性外，從公司團隊、公司籌資到市場，育世博都朝國際化發展。因此，育世博有台灣、美國、日本與韓國的股東，臨床試驗則會在美國進行，至於生產除了仰仗製程管理佳的台灣外，更會與歐美的工廠洽談授權。事實上，目前就有國際藥廠與育世博洽談合作中。育世博預計到 108 年年底，會有治療卵巢癌的產品向美國申請 IND（臨床試驗申請），未來包括應

用在乳癌、子宮內膜與胃癌的產品都會一個一個做。蕭世嘉指出，考量公司的規模，在市場策略上，只要將產品做到臨床一期或二期，創造了產品與公司的價值後，就會將產品賣給國際大公司，然後育世博再運用「抗體—細胞接合」技術平台再投入其它產品的開發。

依據 Evaluate Pharma 公司估計，到 2020 年全球腫瘤市場會達到 1,500 億美元，以 CAR-T 為代表的細胞免疫療法預估可達到 150 億美元，因此，包括美國、日本、韓國、中國大陸與澳洲等都已經加快在細胞治療上的發展速度。其中澳洲為了爭臨床試驗在澳洲進行，更將臨床試驗費用的一半退還給受試者，反觀台灣在臨床試驗的法規上，是相對比較嚴謹。因此，看到國際的發展，蕭世嘉衷心的建議，希望政府能提供更友善的細胞治療臨床試驗的環境，創造讓病人有機會、國外公司可考慮在台灣建置試驗室，而政府能迎接細胞治療產業在台灣生根的三贏局面。

ACT Genomics

行動基因

癌症基因圖譜的提供者，掌握核心平台技術，邁向國際

　　2000 年人類基因定序完成後，全世界主要的生技學研界，都希望藉由基因定序，為個人化藥物尋求解方。隨著定

序技術的進展，2014 年，同在長庚大學任教的行動基因執行長陳華鍵與技術長陳淑貞，因為掌握次世代基因定序平台的技術，且從小規模癌症病患的基因定序實證分析上，看到有好的結果，深知自己的技術，有機會為癌症病人帶來更有效的治療效果後，讓兩位陳博士決定走出校園，跨上創業之路。

　　公司創立將近六年以來，行動基因在新加坡、日本、上海、香港等地都已設有分公司，且獲得日本 Canon 公司的青睞，由 Canon 旗下 Canon Medical System 公司與行動基因合資合作形成日本子公司 ACT MED，共同推動癌症精準醫療；行動基因並與友邦人壽香港子公司簽署協議，將為香港友邦人壽的保戶，提供癌症基因檢測服務，讓檢測者可以獲得更合適的治療方案；更者，行動基因所開發的「預測癌症免疫療效的演算機制」，則獲選參與美國癌症研究機構發起的腫瘤突變負荷研究計畫，這也是在美國地區之外，唯一獲選的亞洲基因檢測公司。

　　伴隨著檢測服務與授權金的收入增加，執行長陳華鍵說，從成立第一年就有營收的行動基因，今年將力拚成為賺錢的公司。事實上，已經完成三輪增資的行動基因，也透過引進香港、新加坡與日本等地的國際資金，為公司的管理與國際策略合作紮下更堅實的基礎，有助於公司營運更能與國

際接軌，因此，行動基因考慮在香港上市。

　　在過去，一個癌症藥物被開發出來後，會被使用在同一類的癌症病人身上，但使用後發現，不是出現抗藥性，就是治療的成效很有限。陳華鍵以肺腺癌為例，如果沒有做基因檢測就進行治療，化療藥大約 20%~30% 有效，而做完基因檢測再進行選藥與用藥者，有效性可以提高到 60%~70%。因此，過去癌症藥物 one-site-fits-all 的概念，在基因定序技術提升後，已經成為過去式。癌症病人若在治療前能先進行基因檢測，再由醫師找出適合的標靶藥物，不但可以把握治療的黃金時間，更能減少用錯藥而一試再試的藥品支出費用，這也是友邦人壽香港公司會與行動基因簽訂合作協議的主因。

　　對於行動基因的次世代定序技術平台，陳華鍵認為，可以服務的對象有三大類；用於癌症病人，可以讓醫師依據病人的基因檢測資料，作為選藥及治療後的策略；再者可以協助醫師或研究人員，讓醫師或研究人員能夠根據他們持有的臨床檢體，透過行動基因的定序平台，找尋可做為診斷或預測藥物有效性的生物標記。目前亞洲數十家醫院與行動基因有合作案在進行，國內有台大、台北榮總、長庚、成大與高雄醫學院等醫學中心的醫師與行動基因進行合作。

第三類是協助藥廠進行新藥的開發；羅氏藥廠就是看上美國
Foundation Medicine 公司擁有的癌症基因數據，讓羅氏藥廠
花大錢買下這家癌症基因圖譜公司。行動基因也與數家國際
性藥廠合作，協助藥廠的藥物找尋有效病患；如與 ASLAN
藥廠合作，針對該藥廠的標靶藥物，為何在有些病人身上進
行臨床試驗的效果特別好，也就是進行 exceptional responder
的全基因定序分析，以了解這些 exceptional responder 的基
因突變的情況，讓這些分析資料加在標靶藥物的第二或第三
期臨床試驗，如此可以提高藥物對病人的適用性，加速藥物
的開發。

　　創立之初，行動基因被定義為「癌症基因圖譜的提供

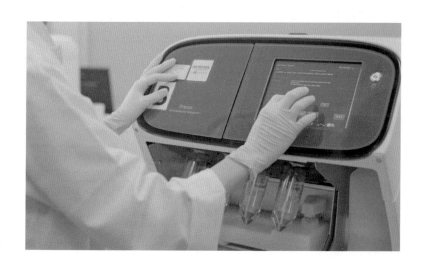

者」的角色，以台灣每年約新增十萬名癌症患者，其中有1%
的病人願意進行基因檢測，那也只有一千人，這樣的人數實
在很少。所以，陳華鍵說，行動基因從成立之初，就決定以
公司擁有的技術平台，邁向國際化為目標。並陸續在日本、
大陸、香港與新加坡等設立子公司，未來在資金條件許可
下，會進一步將市場跨足美國與歐洲等地區。為此，目前行
動基因公司已與美國與歐洲國家的廠商正在洽談合作案中。

　　準備將行動基因航向更寬闊的國際市場，陳華鍵深知，
在定序設備與檢測試劑等都被掌握在歐美國際大廠手中，且
定序的技術並沒有辦法申請專利的情況下，投入定序檢測，
行動基因就必須擁有比別人更好的技術能力與服務品質。從
收檢體進行 DNA/RNA 萃取、定序分析產生數據，再到數
據分析資料的判讀，行動基因都要展現更好的品質。因此，
行動基因除了在公司內部將三個專業核心各自分開，以維護
公司的核心技術外，未來對於國外的技術授權，將採取所有
的研發、資料庫建立、AI 系統與分析報告的產出等核心，
掌握在台灣母公司手中；而檢體處理技術及基因定序技術，
將會是國際技術授權的重點。對行動基因來說，數據分析無
疑是技術核心中的核心。

　　透過前述的技術授權，陳華鍵表示，行動基因將可以更

快速與多元化的累積資料庫的數據；對於藥廠而言，資料庫中的數據資料，將是藥廠在開發新藥時的瑰寶。數據愈多，代表行動基因公司的價值愈高，有了數據資料庫，與國外藥廠談合作的機會也愈高。

　　隨著全球人口的老化，以及環境污染的問題，癌症已經是全球第二大的死因，而行動基因則希望透過特有的基因資料庫、次世代定序的技術平台、通過國際認證的實驗室，以及專業的生物資訊與醫藥資訊團隊，改變現有癌症為診斷、治療與監控的模式，讓癌症病患可以化被動為主動，積極地面對癌症治療。行動基因也期望能夠成為全方位的癌症基因檢測公司，在國際藥廠開發新藥方面，做出更多的貢獻。因為對陳華鍵與陳淑貞兩位創辦人來說，創業除了要營收，還有對社會的責任，就是讓癌症病人與其家庭，可以有更好的治療品質。

Biotechnology Innovation
and Industry Transformation

體學與奎克生技

以讓精準醫療嘉惠每個人為願景

　　走進新竹生醫園區的體學生技公司（Personal Genomics），
迎面而來的就是一幅來自三個不同國家小朋友的快樂合照，

李鍾熙董事長指著它說：「希望將來不論哪個族群、哪個國家，都能用得起最先進的基因定序、癌症早篩等科技，就像手機一樣的方便普及，讓精準醫療能嘉惠每一個人，這就是公司的願景。」

自公元 2000 年人類基因定序草圖完成之後，我們對人體健康和疾病的認識又向前邁進了一大步，以基因定序為基礎的精準醫療應運而起，很快地進入了臨床應用。雖然十多年來定序技術成本大幅下降，但是目前一次 400 個癌症基因的定序檢測，仍然要花費大約 5,000 美元，且要兩個星期才能完成。

李董事長說，目前的基因定序技術複雜而緩慢，且必須將檢體集中到一個中心去作業，但將來臨床應用如能就地完成，不但更具時效也能大幅降低成本。因此我們希望結合台灣半導體和光電科技的優勢，發展輕便快速高功能的定序機及定序晶片，讓基因定序從集中式走向分散式（decentralized），讓應用更方便更普及，能擴大到整個醫療及大健康市場。

目前市面上主要的次世代（NGS）定序都使用所謂第二代定序機，需要先進行基因檢體放大，且只能以步進式（stepwise）操作，不但速度緩慢，且讀取長度很短。體學

生技獨創的 OES 定序技術是以單分子連續式的操作，速度和讀長都可提升百倍，是最先進的第三代定序技術。目前雖然還在開發雛型機階段，但體學擁有 184 件全球專利，不但是台灣專利最多的生技公司之一，也是全球最頂尖的基因定序技術研發團隊。

最近體學生技創新的三端定序化學，在與中研院合作驗證之後，也發表在國際頂尖的期刊 Nature Communications Biology；而 OES 定序技術平台也獲得了 ACS Nano 期刊登載，受到國際肯定。未來體學的挑戰將是儘快完成定序系統的開發，並尋求全球性的伙伴，將技術推向商業化。

在長廊上再往前走幾步，就是與體學同一集團的奎克生技光電公司（Quark Biosciences），主要投入於臨床用的次世代多重基因標記檢測技術 PanelChip 及應用。曾在哈佛大學醫學院擔任研究員的奎克生技副總經理楊博鈞博士說，PanelChip 可在 2 小時內同時檢測 100 個基因標記，不僅快速簡便、準確定量，且有極高性價比，很符合精準醫療臨床診斷的需求。此外，在數位定量（digital PCR）的操作模式下，也是高敏定量液態活檢最好的工具，可用在日益重要的癌症療後追蹤。

李董事長解釋，如果體學的定序是為一個城市掃描出詳

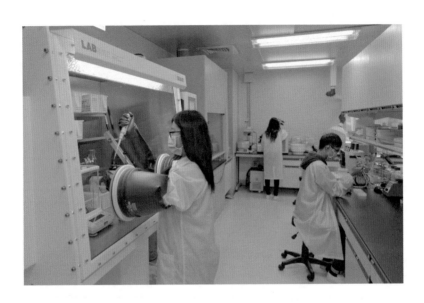

細的地圖，那奎克的技術就是畫出城市的重要地標。由於奎克的 PanelChip 結合了半導體技術及最準確可靠的基因連鎖放大原理，可以說是最新型的基因定量放大陣列晶片（qPCR array），因此可信度高、用途廣泛，很適合臨床醫學應用。目前奎克擁有 47 件全球專利，且已商業化量產。

　　在應用方面，目前奎克運用 PanelChip 檢測系統，已經和客戶合作共同開發出多項臨床醫學檢測產品。其中就癌症精準醫療，推出針對亞洲人設計的乳癌治療預後晶片、癌症免疫治療適用性選擇晶片、高靈敏度非小細胞肺癌 EGFR 監測液態活檢等。在生殖醫學應用方面，也已開發出子宮內

膜受孕性檢測晶片 MIRA 等，希望能協助提高人工生殖的成功率。

此外，奎克生技光電也運用 PanelChip 平台投入 microRNA 的臨床醫學應用。楊博鈞指出，microRNA 是一種調控基因表現的微小 RNA，與癌症、糖尿病、心血管疾病等發生有密切關係。基於 microRNA 在血液中相對穩定，在組織與疾病中具有高度特異性，因此成為精準醫療分子檢測的一項新利器。目前奎克已經有用在新藥及新標記研發的掃描晶片 mirSCAN ™，以及非侵入式癌症早篩晶片

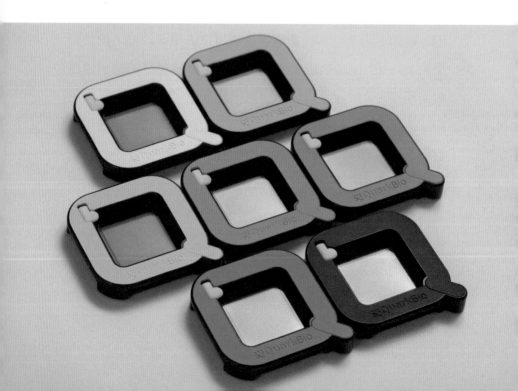

OncoSweep ™ 。另外奎克也與美國麻州綜合醫院等合作，將 microRNA 技術運用於心血管疾病早期檢測、糖尿病併發症預測等研發，並快速建立大量臨床數據及人工智慧的分析方法。

基本上，精準醫療將會改變傳統醫療服務的模式，除了治療將朝向個人化與客製化外，也會從治療疾病朝向早期診斷與預防發展。因此，奎克已經在與醫學中心合作，進行以 4,000 個臨床樣本規模的血液 microRNA 癌症早期篩技術開發，希望未來可以成為一般人健康檢查的選項，以降低癌症的致命威脅。

總之，隨著我們對於人類基因體的資訊了解愈多，基因測序及檢驗在臨床上的應用就愈趨重要。藉由體學和奎克生技的技術和應用，希望改變未來大量需要的基因定序和臨床檢測，讓使用者更方便快速而有效，讓精準醫療更普及。

訊聯與創源

訊聯與創源攜手，結合細胞治療與基因醫學，讓二者產生綜效

　　1999 年，蔡政憲成立訊聯生技公司時，因受到桃莉羊基因複製成功的激勵，以及看好人類基因解碼後的基因醫學

產業的發展，因此，他原就想將細胞治療、基因醫學與生物資訊全納入訊聯的營運範圍，但因為當時細胞治療科技與市場相對未成熟，加上手上的資源不夠豐沛，才讓訊聯由提供幹細胞儲存的業務開始。如今訊聯除了擁有 120 萬筆客戶以及其父母的檢體，將整合訊聯的集團資源，為這些客戶與家人提供加值服務，以加速在醫療產業的應用外，訊聯與創源攜手，細胞治療與基因醫學，以及生物資訊三者合一所產生的綜效，將讓蔡政憲 20 年前創業的願景 Vision 一一實現。

訊聯是國內幹細胞第一家上市櫃公司，談到 20 年來的集團發展歷程，蔡政憲說他最感謝的事之一，是國策顧問何美玥等人在 2006 年時推動「生技新藥產業發展條例」，讓營收還有成長空間的生技公司可以在取得工業局的核准函時，能有申請上市櫃的機會。

受惠於科技股上市櫃的規定，讓訊聯在取得工業局的核准函後，開始面對對本夢比與生技科技股並不友善的資本市場，但也因此讓蔡政憲必須帶著訊聯與真實的資本市場對話，讓訊聯採取務實的營運模式，也就是先求財務收入穩定，才能持續投入研發的夢想，供應研發所需的支出。因此，訊聯獲准上市櫃時，已經小有獲利，不負工業局等主管機關的期許。

　　訊聯經過資本市場的洗禮，除了營運布局貼近市場，會先發展幾個可以為公司帶進營收，再以短期營收來支應較長期的研發外，訊聯從資本市場取得的低成本資金，讓訊聯可以在沒有負債下，蓋好技術中心與人體細胞組織優良操作規範 GTP 實驗室。此外，因為上市櫃了，也讓訊聯在國際生技舞台的能見度變高，訊聯於是有機會吸引到合作夥伴創設創源生技。

　　蔡政憲說，台灣生醫的實力是大於國際上所認定的，但因為台灣在國際生物醫學平台沒架設好，訊聯多次想與美國 Genesis Genetics 公司尋求合作，都沒獲得對方的回應，直到訊聯上市櫃了，Genesis Genetics 才回應訊聯，雙方才有機會合資設立創源公司。

　　創源是以基因科技為核心，結合生物資訊科技與生命科學科技，提供基因檢測、分子診斷與生物資訊服務等。蔡政憲並於 2019 年宣布創源將推動個人化預防醫學產業的鏈結平台，落實「從 0 歲開始的個人化健康管理」。

　　至於訊聯從提供幹細胞儲存服務起家，包括臍帶血、臍帶間質幹細胞、生醫用幹細胞保養品，以及第三代的牙齒幹細胞、脂肪幹細胞。其間為了擴大臍帶血及間質幹細胞的質資源，訊聯還設計「存捐互利」的保存方案，讓訊聯擁有龐

大的資源。在幹細胞領域，訊聯目前聚焦在自體免疫與皮膚修復兩大應用，以臍帶血儲存起家的訊聯，現在鎖定發展再生醫學產業中的幹細胞與基因檢測兩大領域，再向下整合醫學與美容產品。至於在檢測方面，會以非侵入性染色體檢測進入次世代定序的基因檢測市場，並結合創源的資源，投入新生兒與癌症篩檢。

經由資本市場的洗禮，蔡政憲說，以短支長的研發策略，是要以技術找到可以帶進現金流的產品，所以，針對高齡化與醫美市場，才會運用以間質幹細胞為基礎的醫美保養品，最終則希望運用基因技術與幹細胞應用，朝向精準醫學的個人化醫療。

107 年 9 月衛生福利部開放《特管辦法》，希望能加強產官學研界的合作，來加速細胞治療產業鏈形成。對於《特管辦法》開放，蔡政憲非常的興奮，因為努力多年，原本訊聯與創源之間各自發展的虛線，將因為開放細胞治療而成為可緊密結合的實線。

蔡政憲強調，台灣在基因與細胞治療上不會落後於美國或日本等國，甚至於還有一些利基，譬如：細胞治療中，骨髓是一項，慈濟醫院的骨髓庫已建立多年，骨髓移植也做得很好；再如細胞治療如選擇臍帶血，則是骨髓的替代方案，

而 2005 年台灣是全亞洲地區第一個由健保給付臍帶血移植費用，健保資料庫更是台灣發展醫療大數據的珍貴寶藏，因此，在《特管辦法》公布後，連美國都注意到台灣的發展。蔡政憲非常樂觀的說，在細胞治療上，台灣將有非常大的機會，透過細胞治療，除了可發展精準醫療，降低健保費用支出外，更可靠細胞治療帶動國際醫療。

目前訊聯集團已經在迎向細胞治療的大革命上做好準備，訊聯細胞治療的發展策略，是在開放的大平台上，有六大治療應用面，包括治療癌症腫瘤的免疫治療、骨科、微創手術輔助治療的皮膚科、風濕免疫、大型傷口癒合的整形外科，以及美容保養品的醫美領域等。估計到 108 年年底，訊聯集團將與醫院及診所合作，送出 10 件細胞治療計畫申請案事實上，在醫美產品上，是訊聯集團以短支長研發策略的重要項目，除了消費者對於幹細胞醫美產品的接受度高外，訊聯已經取得促進毛髮增長的專利，將進入毛髮市場。蔡政憲說，以脂肪幹細胞培養的生髮因子，會透過醫美診所運用包套的方式推出商品。

此外，訊聯在 10 年前已經建置符合 GTP（人體細胞組織優良操作規範）的標準細胞培養實驗室，在《特管辦法》議題提高各界關心度後，目前已經有學研單位、國際藥廠與

生技公司前來尋求委託合作，訊聯也會更積極開發細胞委託研究或委託製造的代工業務。

　　「以生技的力量，創造更好的生命品質」是訊聯集團成立的宗旨，在深入了解日本 1995 年關西大地震後，日本關西當地政府鎖定細胞治療與再生醫學，希望以新經濟的發展來取代造船、半導體與重工業等的發展，才能造就今日日本關西在細胞治療產業的蓬勃發展後，蔡政憲已經為訊聯集團下一個 20 年的發展立下目標，也就是要以細胞治療的開放平台，進行更多項目的多元化發展。就如同訊聯公司大樓門口的大樹，明顯比鄰近樹木都來得高壯一般，那是因為他讓這棵大樹從小樹苗開始，就給予更寬廣的植土區域。

免疫功坊

免疫功坊 T-E 新藥開發平台將小兵立大功

　　從完成學業後，數度投入新藥開發且有相當多次成功經驗的免疫功坊執行長張子文認為，從統計數字看，自 2009

年到 2018 年的 10 年間，全世界製藥業每年投入研發的費用
高達 1,450 億美元，各國政府每年更相對投入至少 500 億美
元，而全世界有 6,000 家製藥業，FDA 一年核准的新藥（new
molecular entities）平均只有 33 件。對一家小公司來說，新
藥開發就只是一個夢。但是，從瑞士、丹麥、荷蘭、瑞典與
比利時等國都有世界級的製藥公司來看，小國也是有能力造
就世界級的製藥公司。更何況許多世界級的製藥公司，也都
是從一、二個藥開始，因為只要有一、二個大藥，就能促使
公司成長到 100 億美元，甚至更大。

　　從世界級藥廠的發展歷程，小公司當然可以投入新藥
開發，但也有人說，開發新藥要花很多錢，對小公司真的是
夢。考量 10 年前開發一個新藥就需要 17 億美元，2014 年張
子文成立免疫功坊，決定投入新藥開發時，他先仔細分析新
藥開發的的各個開發過程所需花費的費用，從初期研發到準
藥物的確認，平均占一個新藥開發成本的 38%，臨床前研究
到 IND 約占 8%，臨床一到三期約占 51%，上市的申請則占
3%。分析完整個新藥開發的成本後，張子文認為臨床研究
的費用與上市的申請，他能夠節省成本的空間有限，但是，
初期研發到準藥物確認，可以花大錢，也能花很少的錢，所
以，他決定將免疫功坊的新藥開發布局，就著重在初期研發

到準藥物確認的階段，他要讓免疫功坊花小錢立大功，而經過 5 年後，他做到了。

張子文說，免疫功坊的發展策略就是建立一個創新的技術平台，基於這個平台，可以用很少的資金來創造多項準藥物，而這些準藥物將會以授權或聯盟的方式開發，再以授權金的收入來支持一、二項藥物開發至成熟階段。先前張子文的 anti-IgE（Xolair）發明也是花很少的經費就產生的。而且該發明因有很大創新性、突破性，所得專利保護很強。

此次張子文在發明 anti-IgE 之後，所開發的是 T-E 新藥平台，也就是能結合標的部位（targeting moiety）和效應部位（effector moiety），能改善產品的均質性，承載藥物體，結合標的物的價數，以及製造過程的一致性，在癌症、自體免疫疾病、骨質疏鬆、傳染病、中樞神經系統疾病、病理性血栓與器官移植的排斥反應等，都具有發展的潛力。

張子文認為，一個準藥物要具有價值，必須具備有專利地位強、預期的藥理有說服力、與現有的藥物有很大的差益性、能滿足主要的醫療需求，也就是要具有市場性，以及要有製備的可行性，必須能做得出來，T-E 平台就具有這五個特性。免疫功坊成立五年來，已經有五個準藥物可以進入臨床前研究，這包括有細胞淋巴癌（TE-1422）、神經內分泌

癌（TE-1422），一型及二型糖尿病（T-8024）、第二型糖尿病（TE-8104），以及病理性血栓（TE-6168）的藥。這五個藥都是很大的領域，現在有很大的空間還未被滿足。

　　由於一般的藥物都只有效應部位，如果要有較大的功效，就需要增加藥物的使用劑量，如此一來，藥物產生的副作用與毒性可能就很大，使得藥物的使用只能在使用劑量與考量毒性與副作用間求取平衡，藥物的功效多少會受到影響。至於 T-E 藥物平台則是將效應與標的位都在一個分子上，運用多臂鏈接體相連，再用點擊反應連接。由於多臂鏈接體可以接不同的元素，可以是蛋白質抗體片斷，也可以是小分子，甚至可以讓兩組標的部位，或兩組效應部位在一個 T-E 藥物上，以增加標的或效應部分的功能。基本上，T-E 是母平台，多臂鏈接體則成為小平台，這許多小平台可以和多種抗體搭配。

　　張子文並以溶解血栓與抗癌的 T-E- 藥物來說明與現有藥物的差異性。以溶解血栓的 TE-6168 為例，張子文說，TPA 可以溶解血栓，但一般中風病人到醫院，大約只有 3-5% 的病人會被使用 TPA，因為 TPA 被使用後，劑量如沒使用妥當，在融解血栓時，也可能會造成內出血，如不幸造成顱內出血，則病人受害更大；至於 TE-6168 則會將可以溶解血

栓的 Reteplase 帶到有血栓的部位，其他部位則少去。

　　至於 TE 在抗癌藥物上的應用，張子文強調，它將具有任一個 TE 的組合都是新藥，分子設計可以模組化，許多既有藥物可被作為標的或效應元件，標的與效應元件的數標可以重新調整，病人可否施藥會決定於其腫瘤的抗原等特質，因此，TE 將適合於精準醫療。具有標靶藥物特性的 TE 抗癌藥物，甚至可透過標的或效應元件的組合，成為多標靶的

藥物。

　　目前免疫功坊已經與國際大藥廠洽談合作中，張子文估計在一年內可以看到 2 件合作案，而兩年內可把 2~3 件準藥物帶入人體臨床試驗。國科會 NRPB 計劃，在四期 16 年內投資很多經費支持大學實驗室做創新藥物的研發，中研院的登峰計畫以及經濟部也投下很多新藥研發資源，但未能看到有個好的準藥物被開發出來。正準備開始下一段生命旅程的張子文，將以 T-E 新藥平台來向各界證明，小兵也能立大功，小公司或小國也能好好做一場新藥開發的大夢。

台灣浩鼎

加速研發，推動國際合作與授權

　　歷經浩鼎案的司法風暴，台灣浩鼎生技公司董事長張念慈強調，浩鼎不但沒有倒下去，反而更加堅強，研發的腳

步更從未停歇。但，回首這段坷坷來時路，不少人曾問張念慈：是否曾後悔當初回台投注生技新藥研發的決定？張念慈始終堅定地表示，「人生沒有『如果』，對的事，該做就做，成不成功，是另一回事」。

一晃眼，回台創立台灣浩鼎 17 年，張念慈說，當年一心想助台灣發展生技，希望開發出一突破型、首創型新藥，而且從頭做到尾，發展為行銷全球的新藥。他始料未及的是，新藥研發本來就是高風險的嘗試，不成功自是常態，而浩鼎只是新藥的二期臨床試驗解盲結果未如預期，結果不但浩鼎股價直線崩跌，甚至還被捲入內線交易與貪污的司法案件。

所幸，和前中研院院長翁啟惠同被因貪污和行賄罪名起訴的大案，備受社會矚目；在經過法官三年鉅細靡遺的審理後，終於 2019 年 1 月獲判無罪，且士檢署亦放棄上訴，還給當事人清白。張念慈在被境管三年一旦解除，第一時間他飛回美國的家，他在台灣所遭受的所有冤屈和磨難，只有親情給他最大的慰藉。

雖然浩鼎案另一宗內線交易案初審已獲判無罪，但檢察官提上訴，已進入二審程序；張念慈堅信，浩鼎經得起各種考驗，只能耐煩地一步步走完程序，向法庭和社會證明自己清白。

　　談起內線案，張念慈認為，當初股市禿鷹集團藉浩鼎解盲前操作借券放空，掀起此一大波瀾，不僅讓浩鼎承受災難，也讓投資人無端受累；為此，當年公司曾兩度向檢調告發，希望司法公權力透過追查金流，揪出幕後操縱集團。但，在舉發後他以告發人身分被檢方傳訊，檢察官只簡單訊問他自己和大股東尹衍樑有沒有放空，沒再傳訊第二次，就將此案偵結，至今真相未白。

　　張念慈說，浩鼎乳癌新藥 OBI-822 解盲數據雖未達統計上的意義，但，證實 85% 病患打了 OBI-822 都能產生抗體；浩鼎根據這個結果，進一步掌握能實際產生療效的抗體濃度，依此設計更精準的三期臨床試驗，並進一步研發抗Globo 系列的單株抗體癌症新藥。目浩鼎已宣告成功轉型為癌症新藥多元化組合醫藥公司。

　　張念慈強調，浩鼎研發基礎是以在多種癌症有高度表現的細胞表面、對腫瘤存活有獨特意義的糖鞘脂 Globo series 為標的，開發一系列創新癌症治療新藥，產品線內容橫跨主動免疫療法與被動免疫療法領域，目前研發中的產品有乳癌治療性疫苗 Adagloxad Simolenin，也就是 OBI-822，目前已在全球多國展開第三期臨床試驗。同屬癌症主動免疫療法的新藥，還有新世代癌症治療疫苗 OBI-833，臨床一期安全性

評估已經完成，並選定其中一個劑量進入以肺癌病患為收案目標的族群延伸（Cohort Expansion Phase）試驗；OBI- 866則是以 SSEA-4 為標的之治療性新疫苗，動物實驗已證實會在小鼠體內引發專一性抗體產生，即將申請臨床試驗。

此外，2019 年 9 月獲得美國 FDA 核准臨床試驗的 OBI-999，係 Globo H 抗體小分子藥物複合體新藥（ADC），利用 Globo H 抗體識別癌細胞，再藉由抗體專一性釋放小分子化療藥物，針對 Globo H 高度表現的癌細胞直接毒殺，即將展開一 / 二期臨床試驗。OBI-888 則以 Globo H 為標靶的抗體新藥，目前已完成臨床一期劑量遞增試驗，將進入後續族群擴增階段試驗；其檢驗的醫材臨床研究申請，已獲美國 FDA 審查核准用於擴增階段試驗；FDA 並核准 OBI-888治療胰臟癌的孤兒藥資格。

同屬此一被動癌症免疫療法的浩鼎新藥，還有以 SSEA-4 為標的設計的被動式免疫療法抗體新藥 OBI -898。OBI-3424 則是小分子化療前驅藥，為浩鼎於 106 年自美國 Threshold Pharmaceuticals 引進，亦已完成一期安全試驗。此外，還有浩鼎自行開發的新型肉毒桿菌毒素製劑 OBI-858，可用於醫學及美容用途，公司並積極尋求合作夥伴，共同進行後續開發。

　　浩鼎在新藥技術上有兩大利基，一是浩鼎開發的 Globo/SSEA 醣抗原靶點家族，其廣泛性優於當免疫檢查點 PD-1 等系列技術，且醣疫苗與醣單株抗體更勝於目前療效水平的多重抗癌技術；第二是浩鼎今後會花更多心力在爭取新藥授權上。

　　張念慈說，儘管這三年多來，受浩鼎案影響，在尋求國際合作和授權機會上，受到一些牽絆；他身為浩鼎負責人，要親自到國外談授權，向司法機關提出解除境管要求，但一再受阻，因而未獲進展。所幸，生性樂觀的張念慈倒也想得

開，他自嘲由於被境管、不能出國，讓他全力投入研發，浩鼎過去三年來開發的時程反而速度超前。

　　隨著司法案件已逐步釐清，張念慈說，浩鼎除了加速研發進度外，更要全力推動國際合作與授權。今年初甫完成近21 億元的增資案，目前浩鼎帳上現金 50 億元左右，應足夠未來五年研發和公司營運支出。

　　走過司法的紛紛擾擾，張念慈最感念的是，多年來對浩鼎不離不棄的投資人的支持；他說，這分溫情從過去到現在，一直是浩鼎發展更為強大，背後所不可少的力量和責任。

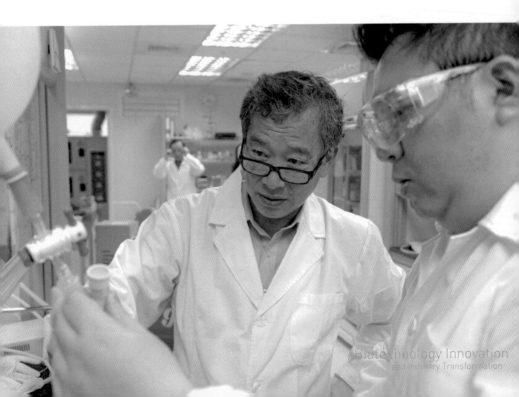

智擎生技

透過國際合作使研發資源最大化

　　2002 年 9 月一場由經濟部與國衛院等共同在清華大學
舉辦的一場新藥開發論壇，讓主講者之一的智擎前總經理暨

執行長葉常菁，與當時擔任台灣東洋公司董事長林榮錦相識，在林榮錦力邀下，在美國多年的葉常菁於 2003 年初台灣爆發 SARS 之前，與先生一起回到台灣，自此開啟她在台灣創設智擎生技製藥公司的旅程。

智擎生技是由台灣東洋、行政院國發基金、中華開發與生華創投等創業基金共同投資了 6.3 億而成立。由於葉常菁曾在美國多家製藥公司擔任高階經理人，有許多與國際製藥公司合作或策略聯盟的經驗。因此，在她主導下的智擎營運模式是採取 No Research Development Only（NRDO）與 Networked Pharma，其中 NRDO 模式，就是以「不研發，只開發」，透過授權引進方式開發新藥；並以新成分新藥、新衍生物新藥與特殊製劑的新藥為開發重點，進行非臨床及臨床試驗；最後再將藥物技術授權給藥廠，以收取階段性授權金及權利金為公司的營收來源，以降低新藥開發的風險。至於 Networked Pharma，則是智擎並不設立實驗室，而是與其它藥理、毒理、臨床試驗等委託試驗業者（CRO）或委託生產業者（CMO）合作。

智擎生技開發藥物的目標是從臨床前試驗到人體臨床試驗階段，並從利基市場發展新藥上市。公司的主軸在新藥開發的策略擬定與執行計畫，並透過國際合作使研發資源最大

化，成為整合性的新藥開發公司。

智擎會採取這樣的策略，葉常菁說，主要考量台灣的資源有限，生技公司的規模都很小，失敗率相對會比較高；因此，智擎只集中火力在新藥研發的中間段，就是新藥臨床前試驗到臨床試驗，有些執行部分可以找外面的人來做，是一種 Knowledge Base 的整合型生技公司。

智擎的核心競爭力，在於新藥授權評估與談判、癌症藥物市場與競爭力分析、藥物製程開發策略與量產設計、產品開發策略與執行計畫、臨床試驗設計與執行，與全球著名癌症領域機構及專家合作，並且符合國際標準的法規。

智擎生技所開發的第一個治療胰腺癌新藥 ONIVYDE 安能得，是 2003 年自美國 Hermes Biosciences 陸續以 300 萬美元引進，於 2011 年以 2.2 億美元授權金加上權利金授權美國合作夥伴 Merrimack 製藥公司，其中台灣地區的行銷權是由智擎保留。安能得已獲得美國 FDA、歐盟 EMA 及台灣 TFDA 核准，目前已行銷美國、歐洲及台灣等國家，其授權合作夥伴繼續完成 ONIVYDE 在各國的藥證申請，2018 年安能得並已納入台灣的健保給付藥品內。

安能得主要使用於胰腺癌病人在接受過標準藥物 gemcitabine 失敗後的治療，另外還繼續開發第一線胰腺癌、

肺癌、與腦癌等其它治療適應症的臨床發展。藉由安能得之成功授權及上市，智擎在 2012 年上櫃，並於 2014 年轉虧為盈，連續五年發放現金股利，而且擁有三十幾億的現金。

運用相同的營運模式，智擎生技另一個新藥專案 PEP503 是與法國 Nanobiotix 公司合作，在 2018 年完成的軟組織肉瘤跨國樞紐性臨床試驗也達標，並同時在台灣進行直腸癌第一／二期及頭頸癌第一／二期臨床試驗；Nanobiotix 在 2019 年已取得針對軟組織肉瘤治療的歐盟上市許可。

不過，由於新藥開發的路途很長，需要在不同階段投入人才、技術與資金，因此，在 2008 年開發中的 ONIVYDE 安能得已經進入人體臨床第二期時，智擎生技就發生 6.3 億資本已經燒到差不多了，原本允諾增資的國發基金的投資款因故未到位，加上當時全球金融海嘯又讓投資人卻步，在資金籌募不順下，還一度發生發不出薪水給員工及無法支付 CRO 等資金短缺的問題。最後是由葉常菁、林榮錦及台灣東洋墊付 1,300 萬元，才讓智擎支撐到募集新的資金。

葉常菁指出，開發新藥如果停留在原地就是退步，新藥公司開發多年都未必能成功，因此，在公司資金允可下，必須不斷尋找適當的合作項目，才能提高公司的價值。雖然智擎生技已經有不錯的商品，但還是不斷在找尋新的合作機會。

　　只可惜在過去三年，智擎經營團隊提出的新藥專案，都不能獲得公司大股東（台灣東洋與行政院國發基金）的支持，因此，在 2019 年智擎準備董事改選時，葉常菁才特別行使 1% 股東提名權的權利，提名包括「台灣先生」谷月涵、中華公司治理協會祕書長王淮、亞洲大學管理學院講師朱立聖、國衛院癌症研究所所長陳立宗以及曾任工研院生醫所所長，也是美國上市生技公司 Agios 創辦人蘇新森等人為董事候選人。

　　但最後卻未能公開徵求委託書而未取得多數董事席次，葉常菁也在同年 6 月董事改選後當天，遭到新任董事會解任其總經理暨執行長的職務。原本葉常菁一心一意帶領智擎生技經營團隊，希望繼續發展更多對抗癌症的武器，讓智擎成為國際知名的生技新藥公司。

　　對於努力 16 年後離開她一手建立的經營團隊，葉常菁難免有點不捨，但她為了台灣生技產業的未來，還是不得不說，如果台灣希望歐美有經驗的生技研發人才願意回到台灣打拚，現有只保護股權擁有者，卻對專業經營團隊沒有保障的制度，那就會讓營運好的生技公司，反而成為市場派覬覦的對象，是很難吸引專業人才返台，扶持台灣生技產業成為下一個經濟成長的引擎。

藥華醫藥

先控制風險，創造一個成功的例子，再累積資源投入更多新藥開發

藥華醫藥公司創辦人林國鐘與經營團隊選擇先發展

Biotechnology Innovation
and Industry Transformation

「better-in-class」新藥為公司的發展策略。如今藥華醫藥不但拿下國內第一張被歐洲藥物管理局核准上市的藥證，產品也透過歐洲的經銷合作夥伴 AOP 公司，開始賣進德國與奧地利等國。

林國鐘說，新藥開發是一個開發時程需要動輒 10~15 年，資金投入也要好幾億美金，加上開發風險高的產業，因此，美國 Merck 大藥廠就採取開發 bio better 的藥，讓風險相對可被控制。同樣地，藥華醫藥的經營策略就與 Merck 相同，希望先選擇風險相對較小的 bio better 的藥先切入，而今也證明這樣的營運模式是可以成功的。因為只要先有一個成功的例子，一來公司可以有營收，再以營收來支撐風險性較高的新藥開發，更者人才也比較能留得住。

成立於 2003 年的藥華醫藥公司，是由一群從事新藥研發的歸國學人所創設。公司以原創性長效型蛋白質藥物研發 PEG 技術平台，及小分子合成藥物技術為基礎，採取跨國研發策略聯盟模式，並與各國醫學研究中心合作，幫助病患對抗血液腫瘤，慢性肝炎等為主，是一家從新藥創新發明、試驗發展、生產製造，並行銷全世界的全方位生物製劑藥廠。

藥華醫藥的競爭優勢在自行研發的 PEG 分子與 PEG 技術平台，所生產的長效型蛋白質藥物與其它競爭者相比，具

有最長藥效時間與最純化合物的優勢，因此，藥的副作用較小。同時，因為純化的步驟簡單，節省許多品管的資源與時間。

2019 年藥華醫藥治療真性紅血球增生症新藥 Ropeginter-feron，已經取得歐洲藥物管理局 EMA 上市許可，創下台灣首張 EMA 核准的蛋白質新藥紀錄。對於 Ropeginterferon 的歐洲行銷權，藥華醫藥已經交給歐洲的夥伴 AOP 公司，也已經開始進入歐洲國家市場。另外，美國的藥證申請預計在 2019 年年底提出，在 2020 年下半年將可望拿到。

此外，治療原發性血小板增生症（ET）新藥 P1101 經過四年多與 FDA 的溝通，總算獲准進行第三期人體臨床試驗。ET 在美國已經 22 年沒有藥品被 FDA 核准通過，也沒有被核准進入臨床第三期人體試驗，藥華醫藥為首例。藥華醫藥公司董事長詹青柳說，預計在 2019 年年底將正式在美國及全球啟動 ET 臨床三期市試驗，預計至 2022~2023 年間，可以完成試驗。

或許有人會認為藥華醫藥罕見血液疾病的市場規模很小，可能就是幾十萬人的市場，但林國鐘以 Incyte 這家公司為例，美國 Incyte 目前只能提供治療真性紅血球增生症的第二線用藥，但 7 年來總銷售金額有 22 億美元，一個

病人一年需要的治療費用為 16 萬美元；至於藥華醫藥的
Ropeginterferon 是第一線用藥，歐洲銷售的價格為一個病人
一年 7.8 萬美元，美國、日本等其它國家未來的銷售價格則
大約為一個病人一年為 10 萬美元。以第一線與價格低兩項
條件，就可以確知 Ropeginterferon 未來在全球市場的銷售潛
力。更何況，藥華醫藥的產品副作用也明顯低。所以，如果
有一天藥華醫藥的年營業額突破千億元，林國鐘說他一點也
不會訝異。

　　為了迎接即將到來的市場，藥華醫藥早在 5 年前，就已
經在中部興建一座 GMP 蛋白質藥廠，未來將可以滿足初階
段的產能需求。另外，藥華也會擴大將技術平台投入在其它
適應症的藥物上，其中 D 型肝炎是目標之一。問林國鐘為
何會選擇 D 型肝炎為對象，他說除了藥價高之外，更重要
的是沒有好的藥醫。他與詹青柳不會忘記，從事新藥開發的
最終目的，還是在解決病人的痛苦。

逸達生技

先小後大的開發策略，老藥新劑型與新藥開發雙管齊下

　　逸達生技公司原為美國 CRO 公司 QPS 的新藥研發部門，因 QPS 公司創辦人簡銘達博士生長於台灣，加上 2013 年時，台灣生技公司在資本市場的表現不錯，因此，簡博士

決定把技術帶回台灣，將 QPS 新藥研發部門獨立於 2013 年成立逸達生技公司。

逸達生技是以研發為主的生技新藥公司，擁有注射藥物傳輸技術（SIF, Stabilized Injectable Formulation）與合理性藥物設計的 MMP-12 抑制劑及 ALDH2 活化劑新成分新藥（NCE）。透過 SIF 緩釋藥物輸送平台（sustained release formulation），改良市場上現有藥物，擴大臨床應用，以降低新藥研發的經費，並藉由 505（b）（2）新劑型新藥途徑快速上市，縮短新藥開發時程，讓患者能及早接受較好的治療。至於逸達開發新成分新藥的模式，則是運用高效率的方式，進行藥物的篩選，在進入臨床試驗前，先準備「概念性

驗證」並備齊數據，與美國 FDA 進行協商，提出合理及便捷的臨床試驗。

　　由於新創公司的規模難與國際大藥廠比擬，因此，在開發的策略上，總經理甘良生博士指出，逸達採取「先小後大」的雙管齊下的商業模式，先將新劑型新藥發展到晚期，至於臨床試驗經費支出龐大的新成分新藥則會在概念性驗證後，也就是在臨床二期試驗結束後，授權與合作夥伴持續共同開發，提升開發效率，將新藥潛在價值發揮極大化。

　　就新劑型新藥，逸達目前已開發，並申請歐美國家藥證中的是柳菩林抗前列腺癌新藥 FP-001 LMIS 50mg，已於 2019 年 2 月將這款新藥以歐盟為主的市場經銷權，也就是排除日本、美國、台灣與中國大陸等，以總額 8,600 萬美元授權給英國 Accord Healthcare 公司。除了開發治療前列腺癌的長效期新劑型藥外，逸達生技的 SIF 注射藥物傳輸技術平台，還可以廣汎運用在胜肽類、蛋白質與小分子藥物上。正因為抗前列腺癌新劑型藥物在歐盟國家經銷權的授權令人振奮，所以，逸達生技在 2019 年 5 月舉辦現金增資時，還獲得投資人超額認購的支持。

　　在新成分新藥的開發上，逸達生技目前有兩個標靶藥物，一個是已經進行臨床二期的口服 MMP-12 抑制劑 FP-

025，目前應用在治療氣喘、肺氣腫與慢性阻塞性肺疾病上，規劃在完成第二期臨床試驗後，將尋求與國際大公司合作三期臨床試驗。另外一個在臨床一期的 ALDH2 活化劑，則是用在罕見疾病范可尼貧血症的 FP-045，甘博士表示，范可尼貧血症是一種 DNA 損傷後，無法自行修復的疾病，由於先天上的基因缺失，導致得病的孩子因骨髓損傷失去寶貴的生命。逸達所開發的標靶新藥，便是將有缺損的 DNA 修復，重拾罕病兒童的一線生機。

除了新劑型新藥與標靶新成分新藥外，逸達也為一家瑞士藥廠設計一款長效型的戒毒癮新藥，目前瑞士藥廠內部研究分析中，未來若瑞士藥廠對於該款新藥不繼續發展，逸達即取得該新藥之持續開發權利。

目前逸達生技的研發主力在台灣與美國兩地，製程生產則交給法國的 Pierre Fabre 公司，與台灣的學名藥廠接觸不多；不過，曾經擔任生技中心執行長的甘博士，看到台灣的學名藥廠，從高峰時有 500~600 家符合 GMP 藥廠規範的盛況，因為面臨學名藥藥價持續下跌的經營壓力，到現在約莫剩下 100 多家符合 PIC/S GMP 藥廠規範，甘博士建議台灣的學名藥廠，或許可以考量成立研發部門，與醫療界共同研究，投入新劑型新藥的開發，為台灣的學名藥廠尋找新藍海。

基亞與高端疫苗

20 年擴大布局，分散投資，基亞漸有 Novartis 雛型

　　1999 年成立的基亞公司，主要是以研發肝癌新藥起家，而在研發新藥外，20 年來曾做過保健食品、發展抗體藥物、併購美國 Texas Biogen 公司並投入核酸檢測及分子

診斷市場、併購專營眼科用藥的溫士頓醫藥公司以及早在 2004 年就開發細胞治療的技術等。但 2014 年，就在基亞的股價衝高到每股 486 元時，卻因為癌新藥 PI-88 的臨床三期試驗解盲失敗，使得股價連跌 19 支停板，公司背負炒作股價的罵名後，基亞整整沉寂了五年。直到 2019 年 4 月，因為日本合作夥伴 Oncolys 公司與基亞合作的抗癌溶瘤病毒藥物，以 500 億日圓整包授權給 Roche 公司旗下的中外製藥公司，才讓外界重新去了解基亞公司。

在 PI-88 臨床三期解盲失敗後，面對外界的冷嘲熱諷，基亞公司董事長張世忠都選擇沉默以對，即使與日本 Oncolys 公司合作的抗癌溶瘤病毒藥物成功授權後，張世忠還是淡淡的說，基亞並沒有在這個案子上出過太多力量，因為技術是日本合作夥伴的，只是在 2008 年 Oncolys 公司缺錢找上基亞時，基亞有眼光的投資了 100 萬美元，並持續合作開發才取得利益分潤的權利。如今盡全力自行開發的 PI-88 肝癌新藥開發失敗，反而轉投資的抗癌溶瘤病毒藥物卻開花結果，為基亞帶進可觀的簽約前金，這正好說明了新藥開發具有的高風險性與高報酬性。

經過 20 年的努力，基亞公司已經不單是一個新藥開發公司，而是一家具有技術能量且布局寬廣的生技控股公司；旗下有以細胞培養方式生產病毒性疫苗與生物相似藥的高端

疫苗生物製劑公司、專注核酸檢測及分子診斷的德必碁生物科技公司及以生產眼科用藥為主的溫士頓醫藥公司。

　　高端疫苗生物製劑公司的目標非常明確，就是要成為亞太地區以細胞培養技術生產疫苗的研發與量產中心。其腸病毒疫苗已在台灣和越南進入臨床三期，預計 2019 年年底前收納 3,000 名試驗者，如果一切順利，可望在 2021 年取得藥證。高端疫苗公司早已布局台灣和東南亞區域，未來也有機會進入中國大陸的市場。

　　基亞公司在 2007 年併購美國 Texas BioGene（TBG）公司進入核酸檢驗業務，開發高解析度的 HLA 基因序列檢驗試劑，該公司於 2012 年成功地將中國大陸血液安全核酸篩檢的業務出售給美國的 Perkin Elmer（PKI）公司，另於 2016 年在廈門成立德必碁生物科技公司，從事體外診斷試劑與設備的研發、生產與銷售。在精準醫療的檢測試劑方面，台灣德必碁公司以 HLA 試劑盒的全球銷售與分型服務為主要業務，而廈門德必碁則以 HLA 試劑盒的中國銷售與遠程病理的第三方檢測與判讀服務為主。

　　併購專營眼科特色學名藥的溫士頓醫藥公司是基亞另一個短中期的投資。在 2014 年基亞策略性地認定，在 3C 產品被大量使用且空氣污染日益惡化的今日，眼疾的發生率會快速攀升，眼科用藥肯定會成為未來醫藥的大項目，因此決定

併購國內專營眼科用藥的溫士頓醫藥公司。溫士頓公司，目前雖已是國內最大的眼藥品牌與供應商，但礙於國內的市場規模，下一步業績成長的目標是中國大陸與東協國家的銷售與日本品牌的代工服務。目前相關的業務布局、藥證申請與合作洽談都馬不停蹄地進行中。

　　目前基亞公司只是暫時地擱置在國內推展新藥開發的業務，回頭去布局細胞免疫治療的技術與能量。張世忠認為，基亞目前是一家具有技術能量的生技控股公司，且業務內容橫跨上下游與周邊產品。前不久和基亞公司洽談的大型投資公司就評論說：「基亞已經有 Novartis 公司的雛型」。張世忠會談到這裡輕輕地嘆了一口氣，說道：「我們努力布局基亞的未來，雖不敢保證事事順利成功，但我們堅持誠實地面對過程中的成敗」。

對於基亞與旗下各公司的未來發展策略，基亞的自然殺手細胞治療技術已和國內數個醫學中心共同提出特管辦法的申請，近期更有美國癌病中心的醫生擬轉介癌症病人來台接受細胞治療。基亞在免疫細胞的癌症治療上會立足台灣，並陸續與日本、中國大陸和美國的業者合作，以擴大免疫治療技術與項目。未來也會在適當的時期，將細胞治療項目擴展至非癌症領域的幹細胞「再生醫學」。

走過 PI-88 三期臨床試驗的風風雨雨與失敗的血淚，讓張世忠嚐盡了人間的冷暖。問張世忠會不會後悔當年讓基亞公司上櫃，張世忠想了一下說，他並不後悔。只是經歷這一場資本市場的震撼洗禮，也看盡世間的人情冷暖後，他更淡定的看待人生的成敗。

儘管基亞放緩了新藥開發的腳步，但張世忠始終沒忘記，當年他會走出學術殿堂，進入產業界，就是為了想透過開發新藥，為癌症病人找到好的解決方法，而這也就是基亞 20 年來未曾改變的公司願景：「創新是為了讓生命更美好」。

張世忠一再提醒自己「莫忘初衷」，等待資源更充沛後，基亞還是會重新投入新藥開發。他並以前英國首相邱吉爾的一句話做總結：「成功不是終點，失敗也不必然致命；最重要的是你要有堅持的勇氣」。

台康生技

生技中心藥品先導工廠轉型，帶動新產業發展

　　2012 年劉理成回台，說服他的高中同學也是台耀化學的創辦人程正禹，成立一家以生技藥品委託開發製造服務

CDMO，以及生物相似藥開發事業雙軌商業運作模式經營的生物製劑公司，併購生物技術中心的生物藥先導工廠則是計畫中的重要項目之一；在 2012 年劉理成以台耀化學的名義，兩度參與先導工廠的公開標售的競標，並取得了併購權後，隨即在台成立台康生技。如今，CDMO 事業群不僅於 2016 年達成損益兩平的第一階段營運目標，設於竹北生醫園區的商業化量產的新廠也在 2019 年如期啟動使用。台康總經理劉理成說，台康近期的目標則是最遲在 2022 年達到公司損益兩平。

2013 年台康生技、台耀化學與生物技術開發中心簽訂三方合資協議，由台康取得生技中心 cGMP 生技藥品先導工廠經營權，除移轉 GMP 品質系統運作，同時承接先導工廠的核心能量，包括細胞株建立、量產製程開發、分析技術開發以及動物細胞與微生物兩座 TFDA 認證的 cGMP 廠房。並有 39 位研發生產人員轉任台康生技，這些人員有很多以後都成為公司各階層的主管，成為訓練新進員工的主力。

當時曾任工研院院長與生技中心董事長，現為生物產業發展協會理事長的李鍾熙，及當時的經濟部長張家祝，就在合資協議簽訂的對外發表的儀式上，期許台康能像台積電與聯電一般，都是由工研院的先導工廠及試驗工廠轉型，經過十多年的努力來帶動新的產業發展。面對李鍾熙的期許，劉理成許下公

司的 CDMO 業務在成立三年後就要達到損益兩平的目標，而台康在 2016 年上半年就達到了這個目標。

劉理成說當年會考慮接手生技中心的生技藥品先導工廠，他看中的絕對不是生技中心已經陳舊的設備，而是先導工廠部門所擁有相對比較完整的人才庫。從生技中心先導工廠到台康公司，兩者的管理文化先天上有很大的不同，但從台康成立時，先導工廠的同仁籌集 2,000 萬元入股台康，也讓劉理成確信這些同仁看好自己的實力，才會不吝嗇的投資自己。

台康生技成立後的前三階段的募資算是非常順利，除了台耀化學策略投資的領頭，還得到國發基金的大力支持，加上當時資本市場及投資界對生技投資非常活絡，初期資金募集都沒有問題；回首過往，劉理成說當時成立台康，併購生技中心的先導工廠是一個最好的時間點。成立三年後，台康生技在 2016 年完成公發及上興櫃；2019 年取得上櫃核准，正式掛牌。

台康的 CDMO 業務從第一年 800 萬元，第二年則跳升到將近 9,000 萬元，2019 年可望交出 3 億元以上的成績。至於能有如此快速的成長，劉理成說，主要在生技中心與台康的屬性不同，在台康主動抓緊國內的客戶，且運用主要經營團隊國際的人脈來擴展國際客戶雙管齊下，加上台康提供 CDMO 強調以服務為主，是要輔助與協助客戶開發產品，客戶開發成功

後，就會將生產交由台康，自然讓 CDMO 業務跳躍式成長。目前台康的 CDMO 主要有動物細胞 Mammalian cell 以及微生物細胞 Microbial cell 兩組大蛋白生產線系統。

由於 CDMO 部門在 2016 年就轉虧為盈，未來營運的成長性可期，因此，當台康在 2016 年規畫要在竹北生醫園區時，所需要的建廠費用，除了增資外，向營行聯貸的 8.5 億元，是在沒有提供背書及擔保的情況下獲得，而隨著新廠的產能在 2019 年開始運轉，單一抗體產品的最大年產量可達到 1,000 公斤，未來有相當大的業務擴展空間。

除了 CDMO 業務外，台康另一主力是藥物開發事業，主要鎖訂生物藥的開發，包括生物相似藥，改良生物藥到開發新藥，目前開發中的藥物有 7 項，主要有 4 項治療乳癌 HER2 基因變異的生物藥，2 項為抑制血管生成的生物藥，以及 1 項為疫苗用載體蛋白。

台康生技第一個研發產品代號為 EG2014 的生物相似藥，它是治療乳癌的抗體藥物 trastuzumab，目前 EG2014 已經在歐盟完成第一期臨床試驗，且開始啟動多國多中心全球 800 例的第三期人體臨床試驗，預計在 2020 年第一季能完成病人入組。由於臨床試驗有手術前治療與手術後治療兩階段，主要療效是手術後腫瘤的病理完全緩解度 pCR，手術前治療及手術大約需要

6 個月，所以，估計在 2021 年初就可對主要療效做解盲分析。

基本上，EG2014 的物理、化學、生物特性及一期藥物動力臨床試驗結果，與原廠羅氏 Roche 在美國或是歐洲生產的賀癌平 Herceptin 相比較，都具有高度相似或生物相等性 Bioeqivaience；且台康的臨床試驗設計與 Amgen 或 Samsung Bioepis 的臨床設計非常相近，Amgen 及 Samsung Bioepis 的生物相似藥都剛剛通過 FDA 及 EMA 的核准，所以，台康 EG2014 的三期臨床失敗的風險性是非常小的。因此，諾華（Novartis）的學名藥與生物相似藥事業群 Sandoz AG 已經就 EG2014 與台康簽訂除台灣及中國以外的全球專屬銷售授權合約，台康並已依據合約規定獲得 500 萬美元簽約金，另 6,500 萬美元的里程碑金 Milestone Payment，將依據產品開發的進度在 2022 年產品上市前陸續收到；產品上市後台康會收到產品銷售的分潤 Profit Share。

事實上，與 Sandoz AG 簽訂授權合約後，對台康 CDMO 業務推展有很大的助益，劉理成說，在簽約前，歐美國家的業者可能都不知道台康是誰，但與 Sandoz AG 簽約後，歐美的生技公司已經會將台康視為有相當商譽的 somebody，他自己在參加國際相關學術會議時感受最深。

隨著醫療技術及治療 HER2 陽性乳癌的趨勢，賀癌平也衍生下一代的系列藥品：與賀癌平合併用藥的賀疾妥（Perjeta®），

單株抗體複合體（Kadcyla®），及皮下注射新劑型等治療
HER2 陽性乳癌一系列的家族產品，台康生技都在開發；這是
台康生技與其他開發生物相似藥的廠家不一樣的地方，獨特的
HER2 一系列產品開發的策略也是吸引 Sandoz 簽訂合作案的主
要因素之一。

　　至於抑制血管生成的生物相似藥，EG12021 及 EG62054，
主要在治療眼部疾病及癌症，由於近年來 3C 產品的應用擴增，
提高民眾眼部病變的風險，台康才會鎖定在這方面的應用，
EG62054 是采視明 Elyea®，aflibercept biosimilar，這是一個較為
複雜難度高的生物相似藥，用於治療黃斑病、黃斑水腫及糖尿
病視網膜病變。2018 年的全球市場 65 億美元。目前已完成細
胞株及部分製程的開發，與原廠 Elyea 比對達到初步的相似性，
預計在 2020 年完成主要臨床前的測試後，計畫在 2021 年啟動
3 期臨床。在考量台康有限的資源，對於抑制血管生產的生物
相似藥 EG12021，台康會打成一包後轉授權出去，目前已在洽
談授權合作中。

　　考量疫苗在流行傳染病與癌症的預防上都扮演重要的角
色，疫苗的研發需要有良效的載體蛋白來增進疫苗所促發的免
疫反應，以對抗病原，因此，台康的 EG74032 就是一個安全
且有效的載體蛋白，是疫苗開發的好夥伴；目前已經有台灣、
歐洲與美國的廠商與台康合作，正進行測試中。

ScinoPharm

台灣神隆

從原料業的台積電，將轉型為製藥業的精品店

　　1997 年，在國發基金、統一集團等的支持下，歸國製藥專家馬海怡等人準備在台南一片甘蔗田中，打造台灣最大

的原料藥廠台灣神隆；如今，台灣神隆已經是國際上重要的原料藥廠，在面對全球學名藥廠的產業整併，以及印度原料藥與學名藥廠的快速崛起，台灣神隆要以核心技術競爭力，轉型成為從原料藥研發到針劑製劑製造的全方位藥業「精品店」。

　　受到台灣生技產業政策白皮書的支持，台灣神隆創辦人馬海怡等在美國製藥業界已經有相關經驗的專家們，才決定返台創立原料藥工廠，希望能搶進國際學名藥藥廠的訂單；台灣神隆業務發展中心副總經理兼營運策略長林靜雯說，這一家在台南甘蔗田蓋起的原料藥廠，第一筆收入竟然是為了建廠，必須將甘蔗田鏟平的賣甘蔗的收入。由於台灣神隆在創立時，就是以承接國際學名藥廠訂單為目標，所以，整個廠都是依據美國 FDA 的規範，加上從募資、蓋廠、再到申請相關的證照與查廠及核准等，需要花費很長的時間，因此，台灣神隆苦撐 8 年的虧損，直到 2006 年轉虧為盈，極盛時，還被外界譽為是製藥業界的台積電。

　　林靜雯說，台灣神隆的營運，原本設定為在提供原料藥與中間體的開發與製造服務，除供應全球各大學名藥廠外，也提供新藥開發公司及專利大廠原料藥外包服務。在原料藥的供應上，以抗癌藥為大宗，另外，還有開發中樞神經與胃

腸類的原料藥；至於在代客研製新藥上，神隆主要為生技新藥公司等提供原料藥製程開發與生產臨床所需藥物的服務。

一路走來，神隆藉由研發新產品與擴大產品線組合，目前已經開發超過 70 項產品，已經上市的約有 30 項，其餘則等到專利到期後就快速上市。主要產品中，治療大腸直腸癌的 Irinotecan HCl，全球市占率約為 6 成，用於非小細胞肺癌及乳癌的 Docetaxel，市占率有 3 成，至於用於卵巢癌、肺癌與乳癌的 Paclitaxel，則占 3 成以上。最高峰時，全球客戶超過 500 家，包括有專利製藥公司與全球十大學名藥廠等。

不過，原有台灣神隆的營運模式，卻隨著國際學名藥產業的劇烈變動而需有所調整。林靜雯指出，過去十多年來，各國健保藥價一直下降，使得學名藥廠的競價愈來愈激烈，加上印度與中國學名藥與原料藥廠的崛起，更是壓縮原料藥藥廠的空間。

面對國際藥廠的整併風，加上又打不贏印度藥廠的情況下，神隆除了向印度靠攏，並以核心技術的優勢，來維持原料藥產品的價格競爭力外，6 年多前，台灣神隆也尋求轉型，將業務的觸角從原料藥的研發與製造向下拓展到針劑製劑領域，也延伸到新藥針劑製劑代工與學名藥針劑產品的早期開發，提供自原料藥研發至針劑廠製造的一次到位服務，以

「Double A」模式，也就是原料藥（API）加製劑（ANDA）雙引擎，搶攻全球市場，長期目標則要投入複雜製劑與注射筆產品的開發，轉型為全方位的製藥公司。

在轉型的策略上，除了要鞏固既有的原料藥的市占率，還要加速跨步到針劑領域，運用策略聯盟，切入高附加價值的創新產品，善用原料藥產品線發展製劑產品。在產品選擇上，優先布局原料藥針劑產品如癌症及胜肽產品，以提供臨床試驗用的新藥針劑代工，包括有癌症、糖尿病、止吐劑與多發性硬發症等包括針劑用小分子及胜原料藥，新藥則選擇開發周期較短的孤兒藥與標靶藥物。

林靜雯說，台灣神隆在原料藥外，也往針劑製劑發展的方向是很清楚的，只是製劑廠的法規和生產與原料藥廠有很大的不同，因此，轉型的過程比預期中困難，但目前針劑廠已經完成註冊批次生產，即將送出自行生產的 ANDA 針劑，預計在 2020 年，美國 FDA 就會進行查廠。

另外在新藥原料藥開發代工上，目前有 6 個新藥，臨床三期中的也有幾個，但新藥的銷售還不穩定，而台灣神隆的國際合作案也在持續進行中，與美國 Sagent 賽進合作的抗血癌學名藥針劑製劑，已經在 2018 年取得藥證並在美國銷售；自行研發的抗凝血製劑 Fondaparinux Sodium 磺達肝癸

鈉在與印度藥廠簽下銷售授權後，已經取得美國的藥證，並將在美國銷售，此外，也會將市場指向南美洲、東南亞與中東等新興國家市場。

　　面對中國大陸市場的崛起，神隆也在大陸成立神隆醫藥（常熟）有限公司，以擴大整體的研發生產能量，使產品線更為多元豐富，以滿足當地業者及外國藥廠對高品質原料藥的需求，以就近提供當地市場所需要的外包服務；此外，也會在新藥委託開發與製造服務項上尋找新商機。當林靜雯前往印度，看到印度的藥廠規模大到一家業者就有 23 間原料藥廠工，10 多間製劑廠，且印度又有 13 億人口的內需市場支持下，在沒有內需市場支持的台灣從事製藥業，林靜雯說，真的很辛苦。但就如同台灣產業中有很多的隱型冠軍，台灣神隆要將自己打造成為製藥業的「精品店」，所仰仗的就是掌握技術的競爭力。

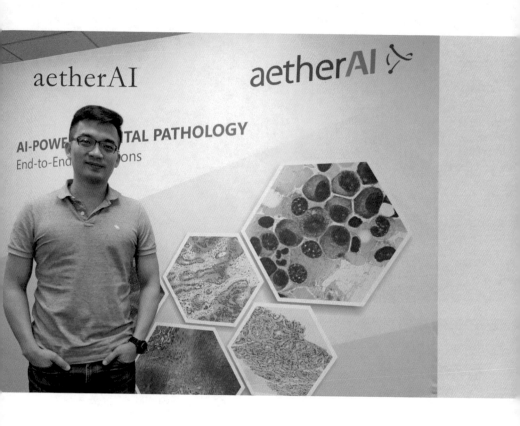

雲象科技

AI 醫療影像領域，數位病理機會大

　　台大醫學院畢業的雲象科技公司執行長葉肇元，在美國攻讀病理學博士時，因為接觸顯微技術與程式設計，且運用

程式為其它人解決顯微鏡的問題，從中發現實驗室對於將組織切片的玻片影像數位化有很大的需求，且傳送數位玻片影像到網路上，還可以縮短醫師與病理師的溝通，因此，喜歡寫程式的葉肇元決定跨界結合醫學與資訊科技，與康家彬及葉一忠三人共同跨上創業路。

2015 年創業時，雲象科技的命名是來自於「雲端影像」的意涵。創業開始，會選擇切入病理相關項目，主要是醫學影像在放射科部門已經發展很久，新創的雲象公司難以與國際大公司競爭，反觀數位病理影像，除了歐洲國家發展比較快之外，美國與台灣的發展相當，而醫療體系相對保守的日本在數位化上則不及台灣，將提供相當大的市場機會。

初創業時，雲象成立「數位病理影像平台」，客戶只要將病理組織的玻片放上平台，雲象就會將玻片完成數位掃描，再放上雲端資料庫。不過，平台成立後，雲象發現數位病理的軟硬體已經發展數十年，只有玻片數位化，對於醫院的誘因不大，因此，雲象才決定跨入 AI 數位影像領域，2018 年推出 AI 醫療影像開發平台「aetherAI」，雲象並與台北榮總醫院合作，由北榮提供資料，雲象科技訓練 AI 模型。在導入 AI 之後，原來必須由病理科醫師手數檢體細胞並進行分類，就可以由 AI 協助，大量縮短流程與時間。

　　一開始，雲象是由 AI 學習病理科醫師所標註的玻片細節資料，但因為標註細節所花費的時間長，訓練模型必須花費 6~9 個月的時間，所以，雲象又將深度學習神經網路應用在玻片上，未來將可以訓練 AI 用臨床診斷的結果，省掉玻片細節標註的時間。基於發展 AI 需要有發展充足的資料庫，因此，雲象還與北榮、長庚醫院及國外的研究機構等合作，以擴大資料庫的種類與品質。

　　談到剛創業時，葉肇元說，因為是只有三人的小公司，加上病理數位系統也還未獲得市場的肯定，因此，技術的缺口想藉由找人合作也找不到，葉肇元只好與團隊自學 AI，沒想到卻為雲象搭建起與學界交流的管道。因為葉肇元就是到成功大學教授深度學習課程時，才與成功大學聯結，讓到雲象實習的成大資訊系學生可以接觸到醫療影像需要具備的 AI 與醫療專業，而這些學生畢業後也有機會成為雲象的工作夥伴。葉肇元認為，要投入 AI 的產業領域，必須要有與學界人才交流的管道，影像醫療產業更需要有跨領域的人

才。目前雲象的同仁內就有醫生、專科病理科醫師，具有台大醫科與資訊工程雙學位的專才等。

　　除了開發醫院的 AI 病理數位影像市場外，雲象還將市場目標指向生技醫藥產業的檢體資訊數位化，希望作出 AI 模型標註癌症，以加速生技醫藥公司的新藥開發速度。不過，因為生技製藥公司必須臨床試驗的規模夠大，才會對雲象提供的服務有興趣，2015 年才成立的雲象科技，因為公司規模小，要打進大型藥廠，獲得大藥廠的信賴，葉肇元承認，還需要再多花費一些時間。目前雲象為雲林長庚開發的 AI 鼻

咽癌偵測模組，準確率高達 97%，另外還要挑戰骨髓抹片細胞辨 AI，肺癌與腎臟癌等 10 項研究；其中骨髓抹片的自動化分類技術，會在美國血液科年會上提出報告，肺癌正進行資料收集與標註，大腸內視鏡的 AI 模型，則可協助醫師在對病人施作內視鏡時，透過 AI 及時運算來抓漏掉的息肉與腺瘤，這套內視鏡的 AI 模型則與國泰合作進行臨床試驗中。

　　由於台灣科技部推 AI 的科技應用發展，反而讓國內醫院數位化的速度遠比日本快，歐美國家則因為歐洲國家的發展較早，台灣廠商未必有機會，因此，在取得台灣近七成的醫療影像市場後，進軍美國與日本等全球市場會是雲象的下一步。因此，雲象已強化與醫院及醫生的合作，除收集資料外，並鎖定在有價值的應用上，除了規畫長期的產品，也會根據市場的需求進行短期的因應。葉肇元說，由於擁有龐大醫材設備產品的 GE 公司正短缺數位病理的解決方案，因此，與 GE 公司合作，搭著 GE 的醫院銷售通路，以打進全球市場，正是雲象當前努力達成的目標。

泰博科技

從醫療 IC 設計起家，到轉型為設計、開發與製造的全方位
製造

　　自創 FORA 品牌銷售的泰博科技公司，在迎接下一個

20 年，泰博科技董事長陳朝旺說，泰博每年會以新增開發
10 多項產品的速度，且將每一個單一品項的產品品質都作
到全世界最好，透過新品項或新的商業營運模式，再培養出
幾家獨角獸公司。

　　台灣大學電機系醫工組博士畢業的陳朝旺會跨入醫療
IC 設計的領域，主要是他在東南科大任教時，因為技轉 IC
設計給國內醫材廠商，在輔導廠商的過程，因為業者有需
要，才讓他在 1998 自行創業，以供應醫療 IC 給耳溫槍醫材
廠商為起頭再延伸至產品開發。

　　至於會投入血糖機等產品的開發生產，並自創品牌銷
售，陳朝旺以如果賣一顆 IC 是 \$1 美元，生產一支耳溫槍是
\$10 美元，賣給終端消費者是 \$100 美元為例，要提高公司的
產值，就只有邁向終端產品的生產與銷售。更何況，如果只
設計生產 IC，可能會面對被產品廠商更換的風險，同樣地，
如果只代工生產產品，終將難以擺脫不斷降價的成本競爭模
式，只有掌握 IC 元件，掌握商品的生產開發，再掌握通路，
才能維持相對較高的利潤。

　　當營運目標確定後，泰博先是在 2001 年工廠取得
ISO13485 認證許可後，就轉型為設計、開發與製造的全方
位廠商。2006 年則創立自有品牌 FORA，並在日本、美國、

加拿大、瑞士與中國等國家設立子公司，專責推廣銷售自有品牌的產品，未來還會持續在全球設立據點。

目前泰博的產品包括有血糖機、血壓機、體重機、心電圖機、驗孕試片等橫跨居家醫療、醫院診所、檢測分析與遠距醫療等四大領域，而能將產品領域擴及如此寬廣，主要在泰博掌握生化、醫療電子與光學技術等核心技術，再配合工業設計、機構工程、軟體研發與產品認證等。

陳朝旺說，生物檢測技術平台主要在電化學與光學兩者，只要電化學與光學的核心技術掌握好，未來還有很多可以開發產品的空間。他並以驗孕棒為例，以前大多只能用眼睛看是一條線或兩條線，並無法量化，檢測難免會判斷錯誤，但現在運用光學科技後，就可以量化，在可以量化後，驗孕檢測不但可以更精準，甚至可以用在估算排卵的時間。

除了把握核心技術開發多元化產品外，由於血糖機、血壓機與體重機等醫療器材，都有相同的銷售通路，如果只生產販賣單一項產品，想對客戶提供快速服務的成本就會很高，單項產品也很難支撐業務人員費用，因此，產品多元化也是必然發展的方向。只是產品種類如此多，對生產線的管理，確實是比較複雜，有時半天可能就需要更換產品產線。對於產線的管理現況，陳朝旺也只能無奈的說，這是過渡

期，還好醫療器材較高的利潤，還能允許生產效率的損耗，他並有信心的說，透過市場歷練與經驗的累積，未來希望泰博每一個單項產品都能獨立成為一家公司。

從供應耳溫槍晶片，到成為亞洲地區第一大血糖量測系統供應公司，以及前五大的血糖量測產品供應商，會選擇進入血糖機的生產製造，除了要與耳溫槍大客戶做區隔，當時陳朝旺主要考慮血糖機有將近九成的市場是掌握在羅氏、嬌生、拜耳與亞培等四家廠商的手中，而四家廠商的毛利率超過七成，這給予泰博切入的機會。更何況，全球一年大約有100 億美元的血糖量測醫材市場，泰博一年相關的營業額大約有新台幣 40 億元，還有很大的發展空間。

正因為全球市場還有很大的發展機會，泰博每年會投資約二億新台幣在研發與創新上，且每年都會為未來幾年的發展進行中長期規畫。因為泰博的願景是要成為世界級的醫療儀器製造品牌。為了與大廠區隔，陳朝旺要求研發部門每年要推出十幾款的新機種，希望以產品功能的創新來凸顯泰博的研發設計能力，讓國外的廠商在尋找合作夥伴時，都能想到泰博。

至於對醫療器材產業未來的發展，陳朝旺說，他看好遠端醫療的商機，2011 年泰博與中華電信合作推出血糖血

壓健康管理雲端服務系統；2015 年與研華
子公司研華智能共同推出即時生理數據平台
解決方案，整合泰博五合一多參數生理監測
儀，研華的醫療平板電腦，行動護理車及電
子白板觸控電腦，提供即時生理量測解決方
案。2015 年公司還進入 LG 的供應商名單，
將把血糖與體溫等檢測設備導入 APP 中。
另外，泰博與北醫與馬偕醫院等，也都有雲
端醫療照護的合作案在進行。只是陳朝旺也
了解，遠端醫療的市場規模還不大，目前各
項合作，主要是要在本國市場先練兵，否
則，未來很難有拓展國外市場的機會。對於
此，他真的期望政府在法令與政策上，能像
美國、日本、歐盟與澳洲等國，對本土的醫
療器材廠商有更多的支持。

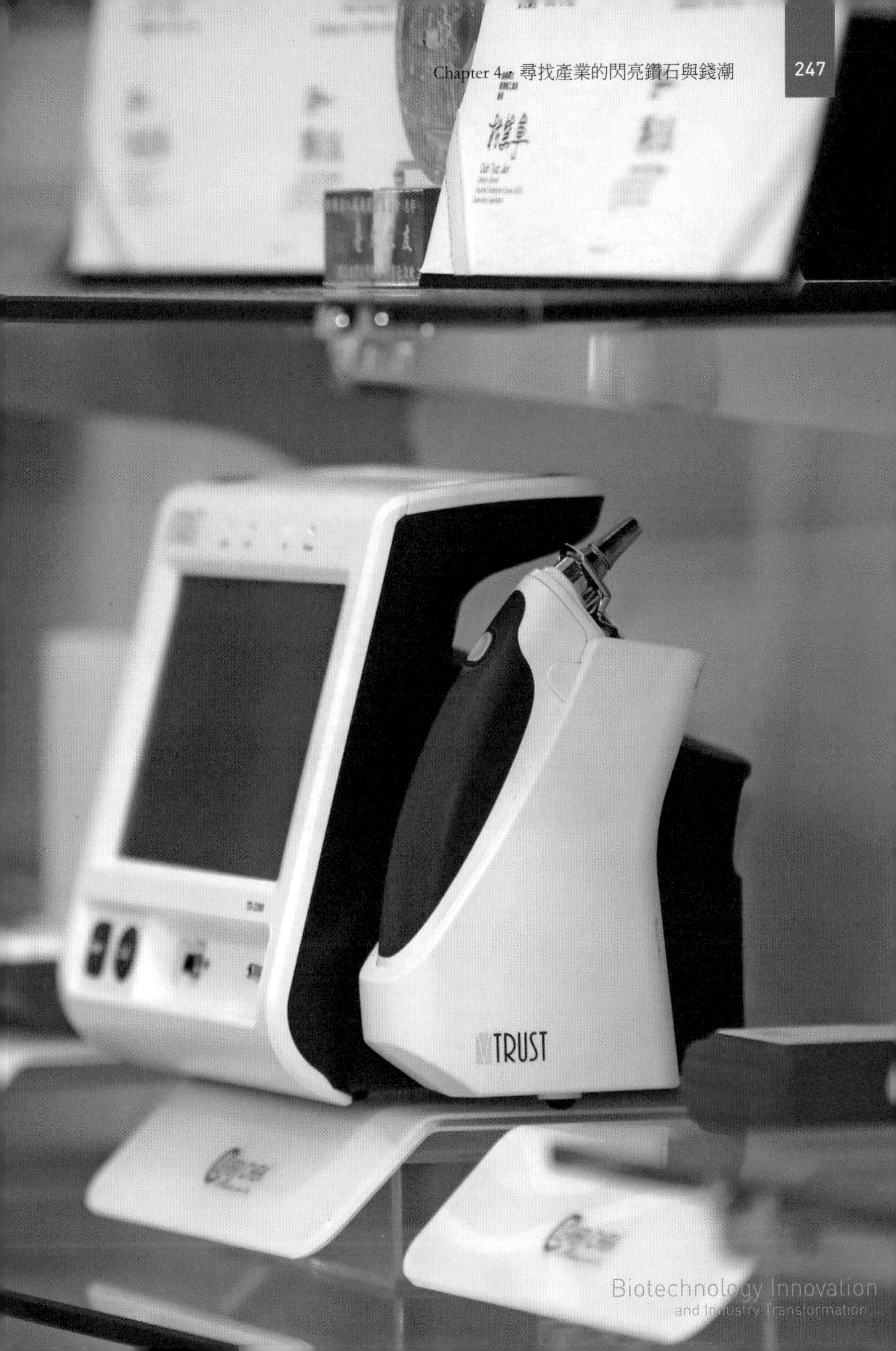
TRUST

益安生醫

為高階醫療器材產業留下技術與人才

「選對題目，做對事，堅持到最後，就能有好結果」，
益安生醫董事長張有德對益安的未來發展，做了這樣的詮

釋。面對國際醫療器材產業正處於買家有利的市場，張有德說，益安除了持續努力，希望敲開醫療器材大廠的合作大門外，也考慮自己投入行銷，或者成為買家，找機會買好的產品。

　　益安生醫在 2012 年由張有德、永豐餘集團上智生技創投，以及晟德大藥廠共同創立，2016 年已在台灣上櫃。益安專精於研發設計高門檻且具高市場價值的第二、三類高階醫材與國際授權。目前益安已經有 6 個產品，分別在動物試驗、人體試驗與取得美國 FDA 的 510(k) 認證。其中已經取得 510(k) 認證的有「腹腔鏡影像清晰器材」、「腹腔鏡手術縫合器材」，以及「骨科四肢創傷內固定手術微創醫材」。此外，還有開發「治療因良性攝護腺肥大所致下泌尿道症狀之微創醫材」、「大口徑心導管術後止血裝置」，以及應用在主動脈手術上的器械。

　　張有德在美國發展 30 多年，曾經任職於醫材公司，也在美國醫材創投界 10 多年，現在病人住院打點滴必備的軟針（靜脈留置針），就是張有德曾經參與的發明，其它更有多項醫材發明授權給國際大廠；再者，張有德在美國醫材創投界時，也主導並參與多家高階醫材公司的授權或併購案。如此出色的醫療器材專家，卻願意回到台灣重新創設益安生

Biotechnology Innovation
and Industry Transformation

醫公司，自然是希望能為台灣的高階醫療器材產業留下技術與人才。

正因為張有德在美國醫療器材與創投業界都任職過，因此，當他回到台灣創設益安時，除了希望整合醫材與創投公司之長，更要讓人材留在益安，因此，他將益安的營運模式，定位為積極參與被投資公司營運的類醫材創投公司。

張有德說，一般創投公司有存在的期限，且通常不會參與被投資公司的經營，且多半從財務面考量投資；但益安不同的是結合醫生、醫材新創與醫材大廠，將創新的構想，從概念走向商品化。因此，益安除了提供資金與開發的資源，也有實際執行專案的能力。換句話說，只要創新醫材的專案在益安的創新平台上啟動，益安就會串連資金、研發與製造能力，以及業界的人脈等，以加速創新專案的發展。

也就是在醫材創新專案開始之前，益安會先找醫生進行全方位的評估，找出臨床需求的缺口，同時也會評估產品的市場潛力，訂定從研發、智慧財產權、法規、臨床與保險給付的策略，並衡量技術的可能性，且擬訂產品完整的未來開發藍圖。

益安會採取這種在美國與台灣都首見的營運模式，張有德說，主要是他在與晟德董事長林榮錦與上智總經理張鴻仁

討論益安的營運時，大家共同認為，益安開發成功產品後，技術可以賣給國際大廠，但人才必須要留在台灣，不能隨著產品或公司賣出去，最多只能將人才借給產品公司使用，這麼一來，益安的人才就能透過每一個專案，深化自己的經驗與專業知識。

在確認益安的營運模式後，益安成立 7 年就能有 6 樣產品，且 3 樣已取得美國 FDA510(k) 認證，發展的速度還在張有德所預期中。不過，張有德說，近幾年國際醫療器材產業透過併購後，醫療器材大廠的家數已經大幅度減少，且基於成本考量，醫療器材大廠多半也不願意投入資源在研發與生產上，醫療器材產業的變動雖然給了益安機會，但也增添了許多挑戰。

由於國際醫療器材大廠不再投入研發與生產，有研發及生產能力的益安，雖然有與國際大廠談授權合作的機會，但是，由於現在醫療器材大廠不願意承擔市場的風險，因此，產品開發廠商除了必須在市場上試行銷，讓國際大廠看到購買者有回購的情況，產品價格也具有持續性，同時開發商也要具有量產的能力。

因此，益安在因緣際會下買的達亞公司，達亞不但成為益安的生產後盾，更因為達亞已經是國際醫材的加工大廠，

所帶來的穩定現金流，可說是益安的小金雞。

　　雖然說國際醫療器材產業的發展趨勢為益安帶來機會，但產業經由整併後，大廠家數減少，也讓整個產業成為買家市場。不可諱言地，與國際醫療器材大廠的授權談判，並不是十分順暢，張有德說，有時是進一步退兩步，有時也可能進兩步退一步，不像過去，只要創新醫材產品取得認證並經市場試銷確認後，醫療器材大廠就捧著授權金上門要談合作。

　　面對國際醫療器材產業的趨勢更迭，張有德說，過去很少將資源擺在行銷的益安，也開始考慮要放一些行銷的資源，自己賣自己的產品；另外，益安也可以自己擔任產品的買家，既然益安的產品要被國際醫療器材大廠砍價，益安也有實力去砍其它產品開發商的價格，趁著買方市場的情況下，應當也能買到不錯的產品。

　　張有德相信只要益安持續有不錯的產品，總有機會在醫療器材產業上發光。

　　選擇進入創新醫療器材產業，但就如同看到由台灣心臟醫生的發明，有機會成為創新醫材大熱點，應用在主動脈剝離手術的器材研發，讓張有德也不得不雀躍的說，這就是益安所追求的夢想，也就是能結合台灣的醫療、工程能力與機

電人才等，為台灣的醫療器材在國際產業上揮出一棒又一棒的強棒。

　　有一天，益安的人才將會開枝散葉的落在台灣醫療器材的公司內。

安克生醫

台灣第一家 AI 智慧醫療影像創新醫材公司

安克生醫共擁有 6 項醫療影像 AI 產品，其中 4 項取得美國 FDA 上市許可，包括呼吸中止症檢測系統「安克呼止

偵」，以及全球首創的甲狀腺腫瘤篩檢智慧醫材「安克甲狀偵」。安克生醫總經理李伊俐指出，安克生醫的核心競爭能力在於超音波影像 AI 技術與法規驗證的能力，未來除會朝將診斷與治療合一的產品外，更會在影像平台上，發展更多的應用。

　　李伊俐說，開發人工智慧（AI）醫療影像醫材的門檻高，尤其要走自有品牌，更需要中長期的耕耘。安克生醫則是國內少數擁有 AI 核心技術的機器學習專利公司，也是全球少有兼具產品臨床驗證與商品化能力的新創醫材公司。2012 年美國 FDA 頒布 CAD（超音波電腦輔助診斷軟體）新指引，安克生醫隨即於 2013 年，以智慧創新高階醫材「安克甲狀偵」，取得全球第一個 CAD 上市許可，至今仍是甲狀腺領域的唯一，研發創新實力堅強，也因此吸引國際醫材大廠紛紛前來商談授權事宜。

　　安克生醫已經研發上市的電腦輔助智慧產品安克甲狀偵，近期更進一步完成「腫瘤自動圈選」新功能的開發，搭配人工智慧（AI）深度學習，當醫護人員輸入醫療影像，該項醫材便會自動進行腫瘤自動圈選、特徵辨識，並依照已整合完畢的醫療指引，完成專業報告供醫師最後判讀，讓診斷流程更具效率，開啟自動診斷的新時代。

　　此外，相較於目前的甲狀腺細針穿刺的檢查，由於穿刺部位與取得的組織樣本，都可能會影響穿刺檢查結果的正確性，加上病患對進行侵入性細針穿刺檢查的恐懼感與風險，也會影響甲狀腺檢查的普及率，而「安克甲狀偵」正可以改善傳統細針穿刺檢查的問題，能協助醫生判斷甲狀腺結節的良惡性，有利早期發現與治療，讓民眾省去不必要的穿刺與切除手術，進而提高甲狀腺檢查的普及率。

　　至於「安克呼止偵」，除可以在 10 分鐘完成睡眠呼吸中止症檢測，舒緩大醫院睡眠中心床位不足情形外，醫生更可以藉由所拍攝的上呼吸道的動態變化的即時觀察，可預測患者對陽壓呼吸器的依從性，作為治療參考依據。同時，也能掌握受測者的上呼吸道情況，進一步提供醫師診斷使用。

　　李伊俐指出，全球約有 1 億人被懷疑患有呼吸中止症，其中約有 8 成的患者未能被有效診斷，在台灣，40 歲以上的男性，則有高達 2 成患有睡眠呼吸中止症，未被有效診斷者，估計也超過 8 成。

　　睡眠呼吸中止症患者未能被有效診斷的原因，主要在患者進行檢測時，須在睡眠中心過夜睡一晚，但醫學中心往往一床難求，排隊時間動輒數月至半年，加上檢查時身體需穿戴許多儀器或貼片，不僅受試者的睡眠容易受影響，導致訊

號無法反映真實的睡眠狀態，甚至偵測的貼片也常因翻身而脫落，影響相關訊號，導致須重排檢驗，以致降低民眾的檢測意願。

安克生醫研發的呼吸中止症超音波電腦輔助診斷系統「安克呼止偵」（AmCAD-UO），能讓患者在清醒狀態下，不須過夜便能進行檢查，協助醫師用於睡眠呼吸中止症的快速檢測與分析疾病成因。由於安克呼止偵是全球第一個以超音波評估呼吸道的創新醫材，因此，安克生醫也於近期拜訪美國史丹佛睡眠醫學中心，雙方將進行國際臨床合作。

對於公司的產品，安克生醫除與全球十多國的代理商簽訂獨家經銷合約，和國際超音波設備大廠洽談授權合作外，

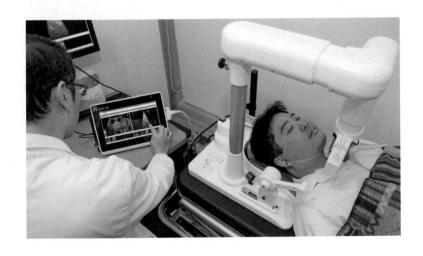

並和 PACS 系統商、AIPlatform 廠商進行協同性行銷，運用多種行銷模式來擴大安克 AI 產品的市場擴展及應用。

除了「安克呼止偵」與「安克甲狀偵」的 AI 產品外，安克生醫主要應用獨家專利的影像分析技術建構超音波都卜勒優化分析（AmCAD -US）、聲波散射組織成像（AmCAD -UV）、數位細胞學影像分析等全球首創之核心技術平台，未來會擴大應用於乳癌與肝癌等各種癌症、病變的早期檢測與診斷。

在專利醫學影像技術外，李伊俐認為，安克生醫另一個重要的資產，就是擁有獲國際 FDA 法規認證的實力，至今已取得包含 AI 機器學習在內共 43 項專利，未來將持續在這些專利上，和國際臨床醫師進行臨床研究，以增加產品的市場價值。

台灣生醫材料

台灣研發，全球代工

　　從掌握醫生的臨床需求，到運用台灣獨特的產業技術，加上找到美國的好夥伴，台灣生醫材料公司要以「台灣研

發，全球代工」的策略，打造成為全球具有競爭力的原創醫材公司。台生材公司總經理廖俊仁指出，他期望由台生材的成功，證明創新醫材公司在台灣也可以成功，進而能吸引更多的廠商進入，讓台灣形成一個創新醫材產業的聚落，透過產業聚落，讓人材與技術都已經不是問題的台灣醫材產業，只要有好的題目，產業就能快速整合，並快速的將醫生的臨床需求開發成產品。

台生材的經營團隊幾乎有在工研院工作的背景，談到在工研院與在台生材工作的不同，廖俊仁說，這就好比一場足球賽，在工研院工作就像是在觀眾席上看球賽，在台生材則是下場打球，真實感與可能會被球打到，與在觀眾席上看球大不同，但兩者都覺得輸贏很重要。也因為有在工研院工作的經驗，讓台生材從創立開始，就是以要切合醫生的臨床需求，整合台灣的 ICT 產業優勢與國際高階醫材的製造鏈，在掌握關鍵技術下，運用「台灣研發、全球代工」的營運模式，打造成為全球第一原創的醫材公司。

目前台生材已經有三大利基型產品，泡沫式人工腦膜技轉自工研院，該產品能有效降低手術風險與醫療支出；與美國 Incept 合作開發治療腦中風血栓移除導管系統，已獲美國 FDA 上市許可，台生材負責負壓幫浦系統產品已開始出貨；

至於治療退化性關節炎治療產品技術，則是全球首創透過酵素組織處理使軟骨修復再生，該療法將規劃與醫院合作進行人體臨床研究。隨著人工腦膜、腦中風血栓移除系統在美國市場的業務推進，以及海外授權敲定，內部已經訂下在三年內能獲利的目標。

廖俊仁指出，過去幾年，國際醫療器材產業經過幾度的整併後，國際醫療器材大廠多半不願意投入研發與製造，這正給予台灣高階醫療器材業者投入產業的機會。但是，也因為在過去幾年，國際醫療器材大廠併購太多產品或公司，現在則多轉趨保守，因此，廖俊仁認為，如果台灣高階醫材公司開發的產品想要獲得國際大廠的青睞，至少要能做到前五大，如果只是功能或品質進步，國際醫療大廠是不會買單的，而小廠也買不起。

除了所開發的新創醫材必須是前五大產品外，醫材業者開發的產品只要能做到商品化、完成臨床試驗與銷售，證明市場可行後，被大廠買走的機會更高。所以，要在國際醫療器材產業出頭天，廖俊仁認為要聚焦產品與聚焦市場。

由於美國是全球最重要的醫療器材市場，台生材創立後，就鎖定以美國市場為主，廖俊仁認為，整合醫生的臨床創意，台灣獨特的產業技術，再加上好的美國合作夥伴，讓

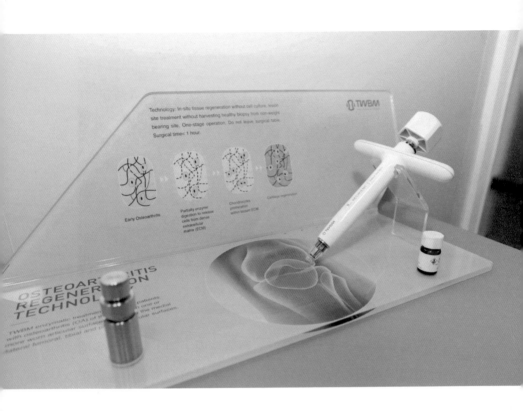

美國合作夥伴與台生材具有依存度，就有能力在美國市場站
穩腳步。

　　廖俊仁並以美國的合作夥伴為例，他說美國合作夥伴在
銷售上，採取只要成為美國的前 2 或前 3 名，看到第一名成
功後再切入市場，由於美國市場夠大，靠成為美國的市場銷
售第二或第三名，已經足以將自己養得很好。

　　至於台灣在醫療器材產業的優勢，廖俊仁指出，主要在

台灣的產業基礎，有一些獨特的製造技術，加上研發的多樣性，可以讓美國大廠願意買單。以台生材的泡沫人工腦膜產品為例，台生材從創新研發、臨床試驗到產品上市，就異質整合「生醫材料」、「氣體填充」與「不鏽鋼瓶」等產品技術，以達到產品的獨特性。

　　正因為台灣有些民生工業與製造技術的獨特性，所以，廖俊仁強調，台灣發展醫療器材產業，絕對不要走為國際大廠「代工」的策略，因為一旦採取代工策略，以大陸的機械與電子加工的能力正逐漸趕上，加上大陸廠商不賺錢也敢接單的情況下，台灣醫療器材業者如果只採用代工策略，最後

也只能面對生產價格不斷往下降的命運。

　　台生材在公司發展策略上，不採取為其它廠商代工的策略，但在自家產品的開發上，廖俊仁說，台生材則採取「台灣研發、全球代工」的策略，也就是由台生材掌握核心的關鍵技術，至於零組件、原材料與表面處理等，都可以在全球找到更市適合的廠商代工，以提高台生材的產品競爭力。

　　走創新醫材這條路，廖俊仁坦承，這是需要時間的，但透過台灣生醫、精密機械與電子技術的整合，他相當有信心，能夠花上 7、8 年的時間，看到台生材產品的爆發力，進而能帶動台灣創新醫療器材產業的發展。

正瀚生技

台灣研發、美國製造、全球行銷

　　正瀚生技董事長吳正邦原本想要在退休前，將自己在美國擁有的農業資材的可用知識產權帶回台灣，為自己成長的

故鄉奉獻一點心力，沒想到卻在故鄉好友們的鼓勵下，讓他再次踏上創業的道路；而今，吳正邦更發下豪語，要讓正瀚成為全球農化產品的前五大廠商，並擁有 5 個「拳頭」的商品，在全球市場站穩腳跟，屆時才是他功成身退的時刻。

吳正邦在 2013 年年底回到台灣再次創業前，已經在美國農業市場具有一席之地，他總是感嘆台灣在農化產品領域，就如同是國際農化產品大廠的殖民地，大多數的業者所生產的，也只是 Mee Too 的學名藥；因此，當他決定回台灣創業時，就決定將正瀚定位在「研發農業生技新配方」。公司成立以來，除了組建目前約 50 位的農業生技研發團隊，每年投入約營業額的 10% 在研發以外，更投資 20 億元自建全台規模最大的植物系統研發中心，藉此開發出有助於全球農業發展的新配方，提升台灣在農業生技領域的國際地位。

近年來全球暖化異常氣候頻仍，地球人口持續成長，對糧食的需求增加，以及中產階級對糧食品質的重視與環保問題等，都讓全球農業面臨新型態，也給產業帶來新的機會。自 2020 年起，包括歐盟、美國與中國等，都將逐年降低農藥的使用量，又要確保農產品的品質與產量，這使得市場對精準農業技術的解方需求更為殷切。

吳正邦說，正瀚生技是以功效精準的活性成分 AI，對

植物基因表達進行調控，以此技術開發出來的植物生長調節劑、生長刺激素，高效肥料等產品配方，則透過與全球最大的農業資材通路商 Nutrien 集團的策略聯盟，在美國、加拿大、澳洲、巴西、阿根廷等多個國家銷售。基本上，正瀚生技的營運策略為「台灣研發、美國製造，全球行銷」。在台灣的研發中心，設有國際認證的 GLP 實驗室，實驗數據具有國際公信力，能在各 OECD 組織國內申請產品登記證；此外，吳正邦在台灣建置研發團隊後，也相當肯定台灣人肯打拚的做事態度，以人事成本綜合效率而言，整體研發成本相對較美國、歐洲或日本等國家低。

至於製造中心設在美國加州，除可以節省產品運輸的成本，就近服務客戶外，在美國製造，因為美國原料使用量大，取得成本比台灣低，並且產線高度自動化，因此在美國使用人力頗為精簡。何況，同樣的農業生技產品在美國或台灣製造，美國製造可以比台灣製造約高出 25% 的價格溢價空間。

就全球行銷則是與跨國的通路商 Nutrien 策略聯盟，站在巨人的肩膀上望向全世界，目前正瀚產品有 9 成以上都是外銷，是台灣極少數能打入國際農業生技大聯盟的廠商。

正瀚生技接下來的策略，是全力發展「精準農業」。吳正邦說，全球精準農業的年產值約有一兆美元，其中農化產

品占 5 成，農化產品主要市場則掌握在全球前三大農化產品業者，如杜邦、中國化學等公司手中。未來，正瀚的目標要以逐漸擴增的研發能量，開發出 5 個拳頭的商品，成為全球前五大農化產品業者，而全球農業資材通路商龍頭 Nutrien 集團，就是正瀚切入市場的入場券。

吳正邦很自信地為正瀚設下未來努力的目標，因為正瀚在研發與行銷布局上，都有競逐全球市場的利基。以行銷布局而言，正瀚採取一個產品只與一個通路商合作的專賣策略，專賣策略讓通路商為了保有自身的利益，不但會大舉投資行銷廣告，也避免掉兩家以上通路商彼此間削價競爭。

研發工作方面，正瀚投資全台灣規模最大的農業生技研發中心，投資金額高達 20 億元，也可以透過全球氣象大數

據資料庫，在智能氣候室當中控制光度、濕度、溫度等環境因子，進行各種產品的功效驗證，藉以解決全球不同農業國家面臨的問題。取得詳盡的實驗室與田間試驗數據後，正瀚生技才能向美國環保署（EPA）進行產品登記申請，通過三年至五年不等的審核期間後，產品就可以在美國上市。

　　而獲得美國環保署產品登記證的產品，未來進入其他國際市場時，等於已經有一定的國際信譽，有助於加速產品在新市場的登記與上市。

　　目前正瀚產品除應用在黃豆、玉米與小麥等大田作物外，也研究全球三大飲料作物——咖啡；咖啡是全球貿易額最高的農作物，依據 Business Insider 研究，全球咖啡的總產值超過千億美元，台灣咖啡消費市場的規模則約有 700 億元，為搶進這個市場，正瀚除設置四間通過國際精品咖啡協會（SCA）的咖啡教室外，也研究咖啡樹栽種技術管理，提供咖啡漿果後製烘焙到品評人員各種證照考試的一條龍服務，吳正邦期望，有一天，所有的外國旅客都以曾到台灣喝過一杯精品咖啡為榮！

葡萄王生技

跨足生技食品產業，讓葡萄王成功再創高峰

　　走過 50 年，葡萄王生技公司董事長曾盛麟將以創新與永續，用深耕研發、自有產品與專業代工並行，以及邁向國

際市場，掌握微笑曲線的兩側高端，來帶領葡萄王再向上突破；曾盛麟說，給他 5 至 10 年，他希望葡萄王的營收可以衝破百億元，指向 150 億元。

　　葡萄王公司創辦人曾水照在年輕時，原擔任日本藥廠在台的業務代表，因為工作到日本出差，一眼看中日本提神飲料在台灣發展的機會，1969 年自創公司投入開發生產「康貝特」能量飲料，當年一句「喝了再上」的廣告詞，讓康貝特口服液爆紅。產品最盛行時，往往產品才剛出生產線，就馬上要上貨車運往全台銷售，當時康貝特在台灣能量飲料市場占有率高達七成。

　　直到競品上市，因輕忽廣告宣傳效益，導致產品市占率節節衰退，待警覺時已經難以力挽狂瀾。面對能量飲料營收直下降，新開發的保健食品卻還沒能闖出名號，營運跌到谷底，當時股票最低來到每股只有 3 元。不過，具有日本「職人精神」的曾水照，即時營運再困難也不要裁員，所以，他選擇親自上第一線，請求同仁們共體時艱，用全體減薪來共渡難關，此時他並向同仁們承諾，只要公司營運走過難關，他會將同仁們被減掉的薪水再發給同仁。公司營運最困難時，除了減薪，連當年的年終也只能送給同仁們兩罐的靈芝王。

　　所幸曾水照相當有遠見，領先業界在 1991 年成立生物

工程中心，投入保健素材的研發，他還從食品研究所找來擅長微生物研究的陳勁初擔任生物工程中心（現升級為生物科技研究所）主任。包括樟芝王、靈芝王、益菌王等貢獻近一成業績的產品，都是由陳勁初帶領的團隊所創造。只不過，葡萄王剛推出保健食品時，因為國內還沒有建置保健食品的相關法規制度，相關的商品不能推廣告銷售，市場也就難以拓展開來；因此，葡萄王才在 1993 年成立子公司葡眾公司，用經驗分享的面對面，人傳人的方式推廣保健食品，直到 1998 年將葡眾轉為多層次傳銷公司，才以直銷的方式進入生物科技保健食品市場。2018 年葡眾已連續五年穩居國內第二大、連續十年本土第一大直銷商品牌，擁有超過 21 萬

名會員，每年貢獻葡萄王約八成營收。

　　曾盛麟在家排行老么，在傳統的曾家，他從來沒想到有一天會接下葡萄王的董事長印信，因此，在國外學業完成後，他就留在英國工作，生活得很自在，直到 2010 年被曾水照叫回台灣加入營運團隊。曾盛麟回到台灣，他接下父親要求他改造公司的任務，但他了解，面對比他年齡還大四歲的葡萄王，很多老同仁都是跟著自己的父親共渡公司營運難關的戰友，他實在不能也不應該採取激進的方式來改造公司。

　　曾盛麟並以自己換手機的經驗為例，他說在使用iphone4 之前，他一直使用 Nokia 的手機，從來就不想變更，一直到發現周邊的朋友都使用 iphone，他才決定改變手機，但新手機都已經買回家兩周，還不想打開，直到決定改變，拿起手機練習後，他發才現變更使用也沒想像中的困難。

　　對於改造已有年歲的葡萄王，曾盛麟相當感謝父親的支持，當然他也了解，要改變葡萄王，要運用父親這塊招牌，因為新的政策透過父親說出口，在同仁們眼中會是睿智的見解，所以曾盛麟善用溝通技巧，成功的化解了改革的阻力，順利帶領葡萄王變年輕。

　　接手葡萄王後，曾盛麟想的是要為葡萄王打造年輕形象，

並進入國際市場。曾盛麟說，葡萄王的核心優勢是有能力開發與應用原料素材，已累積多年生產保健食品的經驗，且掌握自有品牌與行銷通路。就如同宏碁公司創辦人施振榮先生所創的微笑曲線的理論，葡萄王是掌握微笑曲線的兩高端。

　　或許有人會認為菇菌類菌絲體、益生菌或微生物等發酵技術的進入門檻不會太高，但曾盛麟笑著說，葡萄王在成功發酵之前，不曉得敗槽過多少次，幾百萬的原料就這樣付諸流水，也是經過繳了這麼多的學費，才讓葡萄王可以累積今日 386 公噸的發酵產能，在提供生產自有品牌產品外，還為客戶提供量身訂做產品設計、量產到包裝等一條龍的 OEM/ODM 代工服務。

　　基本上，葡萄王的核心技術是微生物發酵量產技術，包括益生菌、靈芝與樟芝等真菌類的產品都是，伴隨中壢廠 286 公噸發酵產能已滿載，龍潭生物科技研究所第一期已新增 100 公噸產能，未來還可以再擴建 200 公噸，屆時葡萄王的總產能到達 586 公噸。在產能增加後，除自有品牌與子公司葡眾的訂單外，也會加大承接代工訂單。此外，隨著新產能增加，葡萄王將進軍東協市場，已經與馬來西亞台商，微生物複合肥料龍頭全宇生技公司合資成立 GK BIO 公司，葡萄王將品牌授權給全宇生技，除了將葡萄王既有的產品帶進

新加坡、越南與馬來西亞外，並尋找代工訂單。這對已經啟動海外布局的葡萄王來說，將是一個新的機會。

至於上海葡萄王，自 1997 年成立後年年虧損，到 2015 年已累計虧損超過 1.5 億人民幣。因此，2014 年底曾盛麟接手上海葡萄王公司後，首要就是讓上海葡萄王先能養活自己，並改變策略只做代工市場，經歷過一連串改造，總算逆轉勝，成功的扭轉幾度面臨收攤的命運。以 2018 年來說，虧損僅剩不到 4,000 萬，營收也超過前 18 年的總和，更是 2014 年（曾盛麟接手前）的 16 倍。

對於未來公司的發展，曾盛麟認為，東南亞市場就保健食品的發展，約莫比台灣落後 10~15 年，加上東南亞國家華人很多，對於靈芝、樟芝等商品的接受度高，未來應當有相當大的成長潛力，且他準備將葡眾的傳銷方式也帶到東南亞國家市場；除了拓展東南亞國家市場外，運用核心技術能力再開發更多的商品。葡萄王的腳步也不會停歇，想在傳銷市場搶得龍頭寶座，以葡眾一年的營業額約 80 多億元，產品品項只有 30 多項，勢必是不夠的，只有增加產品品項，開拓更大的市場，才有發揮的空間。不過，創新產品重要，永續經營更重要，在創新與永續平衡之間，在未來 5 至 10 年之間，曾盛麟要將葡萄王的營業額上看新台幣 150 億元。

晨暉生技

全方位客製化產品開發服務

　　每當電視上打出「娘家益生菌」與「娘家大紅麴」的廣
告時，通常都有機會看到台灣大學前生化科技系教授潘子明

與他的團隊的身影，NTU 568 紅麴菌株與 NTU 101 乳酸菌菌株正是潘子明教授所研究出來的，兩株菌株之功效、安全性等相關研究，各發表了 150 及 50 篇 SCI 期刊研究論文，此研究成果由台灣大學研發處技術移轉給晨暉生技公司，「娘家益生菌」與「娘家大紅麴」則是晨暉生技公司 ODM 的成果。

談到 NTU 101 乳酸菌菌株的發明，不得不談到潘子明為了想治好兒子潘佳岳的濃濃父愛。因為潘佳岳有嚴重的異位性皮膚炎，嚴重的時候，潘佳岳只能抓得流血破皮。為了緩解兒子的過敏問題，讓潘子明日夜投入研究，連喝口茶的時間都嫌浪費，總算讓他開發出 NTU 101 乳酸菌菌株，沒想到潘佳岳吃了幾個月，過敏引起的異位性皮膚炎至今沒再發作過。

正因為是 NTU 101 乳酸菌菌株的親身體驗者，所以潘佳岳在因緣聚合下，有機會與好友共同成立晨暉生物科技公司，一心想將父親開發的 NTU 101 乳酸菌和 NTU 568 紅麴菌株生產優良產品，能讓更多有需要的人受惠。

談到 2007 年成立的晨暉生技公司，總經理潘佳岳認為，公司的核心價值在專業的研發能力，以及技術性的原料製程，目前的主力為 NTU 568 紅麴菌株，以及 NTU 101 乳

酸菌菌株的研究、設計、製造，以及全方位客製化產品開發服務。

　　事實上，晨暉生技公司從台灣大學移轉的技術，要從實驗室的生產規模，走到產業化的過程，是吃了不少的苦頭，潘佳岳坦言，在公司剛成立的前五年，不但敗槽是不可避免的，而且澱粉質原料在加熱發酵時，常會形成團，使得發酵效果不好。在保健功效的確認上，晨暉生技公司更累積完成將近 10 個隨機雙盲人體臨床試驗。而產品型態從飲品、粉末到錠型等各種不同劑型的產品與應用都嘗試過。但也是由一次又一次的失敗中，吸取經驗改良設備，並且對菌株產生的功效成分加以調整，才讓晨暉生技公司練就了一身的工夫。經過十多年的努力研發，終於研發、生產完全不含 monacolin K，不會引起糖尿病、肌肉痠痛等副作用的新穎紅麴原料 Ankascin 568。此新穎產品業經各種安全試驗，實驗數據經美國 FDA 嚴格審查，頒給新膳食成分（new dietary ingredient, NDI）之認可文件，正式證實此新紅麴原料 Ankascin 568 之安全無虞而可進口到美國。2019 年將是晨暉生技公司成立以來，首度有機會轉虧為盈的轉折年。

　　在公司可望轉虧為盈後，潘佳岳將公司的產品定位，都已經做了幾個階段的規劃；潘佳岳說，初期 NTU 568 紅

麴菌株的產品訴求將在心血管代謝症候群與失智症；NTU
101 乳酸菌菌株則會訴求胃、腸道、免疫系統與過敏。事實
上，現代人有很多疾病都與胃腸道及心血管相關，只要能讓
NTU 568 紅麴與 NTU 101 益生菌站穩這兩個領域的保健，
那麼，接著晨暉就會擴大菌種庫，在公司持續投入研發下，
會有更多菌種的應用與純化物，以及相關產品的產出。

　　在掌握發酵與萃取的核心技術下，晨暉生技公司將投入
其他植物的功效研究，譬如香蜂草等，潘佳岳有信心的說，
如果能開發出 20 個原料，每個原料可以有 20 個純化化合

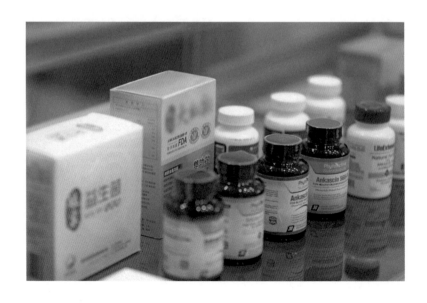

物，然後各發展 4 種劑型，就等於可以為晨暉生技公司創造出 1,000 多種商品。進而再去探討吸收與功效的提升。對於整體發展，潘佳岳說都已經與研發同仁討論過，全體同仁一起努力達成。

除了產品開發的策略外，潘佳岳認為晨暉生技公司的競爭優勢就在研發能力，從菌株的開發、改良研究，到產品的設計、製造，以及全方位客製化產品開發服務，晨暉生技公司並不設限，只要對外合作能為公司帶來最大的綜效，就算

將單一個菌種授權給一家廠商，晨暉也可以接受。反倒是在晨暉重研發，投入很多資源在臨床試驗的情況下，只是單純的提供菌株原料或代工，成本上不見得能具有優勢。因此，讓研發能力加值到合作的項目上，會是晨暉生技公司營運的重要商業模式。

至於就市場的開拓上，目前主要鎖定在中國大陸，至於美國、東南亞與歐盟國家也有當地品牌商或代理商找上晨暉洽談代理，晨暉生技公司將規劃 2021 或 2022 年積極進入歐洲及美國市場。

正因為目前海外的市場鎖定在中國大陸，所以除了在東莞設有子公司外，所有要銷往大陸的益生菌或紅麴菌產品都需要取得合法證照。晨暉生技公司都已經齊備了，估計到 2020 年將可以在中國大陸開始啟動，而對大陸市場的銷售，晨暉生技公司將以與當地的大企業聯名或為大企業代工的方式進入。

Biotechnology Innovation
and Industry Transformation

協會 / 產業三十年大事記

1982 年	● 行政院將生物技術訂定為「八大重點科技」產業
1984 年	● 財團法人生物技術開發中心成立
1989 年	● **中華民國生物產業發展協會成立**
1990 年	● **協會《生物產業》會刊創刊**
1993 年	● 中研院分子生物研究所與生物醫學科學研究所成立
1993 年	● 財團法人製藥工業技術發展中心成立
1995 年	● 行政院通過「加強生物技術產業推動方案」
1996 年	● 國家衛生研究院成立
1996 年	● 經濟部成立「生技醫藥產業發展推動小組」
1998 年	● 財團法人醫藥品查驗中心成立
1999 年	● 工研院生醫所成立
1999 年	● 櫃買中心通過「科技事業申請上櫃」規定
2000 年	● 人類基因定序草圖完成
2002 年	● 懷特生技新藥上櫃—第一家新藥研發上櫃公司
2002 年	● 生技產業策進會成立
2003 年	● **協會舉辦第一屆「台灣生技月」**

2005 年 ━━━━━● 政府成立生技產業策略諮議委員會（BTC）

2007 年 ━━━━━● 立法院通過〈生技新藥產業發展條例〉

2007 年 ━━━━━● 科技部推動史丹佛台灣生醫
　　　　　　　　 合作 STB 計劃

2008 年 ━━━━━● **協會啟動「與政府有約」**
　　　　　　　　 溝通平台

2009 年 ━━━━━● 「生技起飛鑽石行動
　　　　　　　　 方案」

2010 年 ━━━━━● 食品藥物管理局成立

2010 年 ━━━━━● 陳垣崇事件影響科技產業化

2012 年 ━━━━━● 「生技產業起飛行動方案」

2012 年 ━━━━━● 台灣研發型生技新藥發展協會
　　　　　　　　 （TRPMA）成立

2012 年 ━━━━━● 宇昌案讓生技染上政治色彩

2012 年 ━━━━━● **協會重新舉辦「傑出生技**
　　　　　　　　 產業獎」

2013 年 ━━━━━● 食品藥物管理局改組為
　　　　　　　　 食品藥物管理署

2014 年 ━━━━━● 基亞三期臨床失敗影響股市

2015 年 ━━━━━● 協會召開「生技產業深耕學院」
　　　　　　　　 籌備會議

2015 年 ━━━━━● **「生技產業深耕學院」成立**

2016 年 ━━━━━● 浩鼎新藥解盲引發股市爭議

2016 年 ━━━━━● 生醫產業列入政府
　　　　　　　　 「5＋2 產業創新方案」中

2016 年	● 通過「生醫產業創新推動方案」
2017 年	● **生技產業深耕學院導入 TTQS（人才發展品質管理系統）並於同年獲勞動部評核通過：銅牌獎**
2018 年	● 台灣精準醫療及分子檢測產業協會（PMMD）成立
2018 年	● 國家生技研究園區落成
2018 年	● 衛福部「特定醫療技術檢查檢驗醫療儀器施行或使用管理辦法」公布
2018 年	● 中裕新藥 TMB-355 獲核準上市，為全球 HIV 治療領域第一個被核準之蛋白質新藥
2019 年	● **協會與全球 BIO 協會合作舉行「BIO Asia-Taiwan 亞洲生技大會」**
2019 年	● **生技產業深耕學院榮獲人力資源領域的國家級最高獎項（國家人才發展獎）殊榮**

生物產業協會歷任理事長

屆數	年度	理事長	祕書長
第一屆	1989-1991	蘇遠志	田蔚城
第二屆	1991-1993	蘇遠志	田蔚城
第三屆	1993-1995	田蔚城	白壽雄
第四屆	1995-1998	田蔚城	白壽雄
第五屆	1998-1999	楊頭雄	徐源泰
第六屆	1999-2001	楊頭雄	徐源泰
第七屆	2001-2003	李鍾熙	簡義忠
第八屆	2003-2006	李鍾熙	簡義忠
第九屆	2006-2008	何壽川	林美雪
第十屆	2008-2010	何壽川	林美雪
第十一屆	2010-2012	李鍾熙	黃博輝
第十二屆	2012-2014	李鍾熙	黃博輝
第十三屆	2014-2016	陳昭義	黃博輝
第十四屆	2016-2018	李鍾熙	黃博輝
第十五屆	2018-2020	李鍾熙	黃博輝

Biotechnology Innovation
and Industry Transformation

BIG 321

生技時代關鍵報告：解碼淘金新商機

作　　者—張令慧
照片提供—台灣生物產業發展協會及受訪單位/者
審　　校—台灣生物產業發展協會蔡幸陵
責任編輯—謝翠鈺
行銷企劃—江季勳
視覺設計—李宜芝

出 版 者—時報文化出版企業股份有限公司
董 事 長—趙政岷
　　　　　10803台北市和平西路三段240號七樓
　　　　　發行專線／（02）2306-6842
　　　　　讀者服務專線／0800-231-705、（02）2304-7103
　　　　　讀者服務傳真／（02）2304-6858
　　　　　郵撥／一九三四四七二四時報文化出版公司
　　　　　信箱／10899　臺北華江橋郵局第99信箱
時報悅讀網—http://www.readingtimes.com.tw
法律顧問—理律法律事務所 陳長文律師、李念祖律師
印刷—和楹印刷有限公司
初版一刷—二〇一九年十二月二十日
初版二刷—二〇二〇年二月十日
定價—新台幣四〇〇元
（缺頁或破損的書，請寄回更換）

時報文化出版公司成立於1975年，
並於1999年股票上櫃公開發行，於2008年脫離中時集團非屬旺中，
以「尊重智慧與創意的文化事業」為信念。

編 著 者—台灣生物產業發展協會
理 事 長—李鍾熙
　　　　　11529 台北市南港區研究院路一段一三〇巷一〇七號E棟（國家生技園區）
　　　　　聯絡電話／（〇二）七七〇〇三八八三
　　　　　傳真／（〇二）七七〇〇三八八四
　　　　　E-Mail／biotaiwan@gmail.com
　　　　　官方網站／https://taiwanbio.org.tw/zhtw/

生技時代關鍵報告：解碼淘金新商機 / 張令慧作. 台灣
生物產業發展協會編著. -- 初版. -- 臺北市：時報文
化, 2019.12
　　面；　公分. -- (Big；321)
　ISBN 978-957-13-8049-0(精裝)

1.生物技術業 2.健康醫療業

469.5　　　　　　　　　　　　　　　108020179

ISBN　978-957-13-8049-0
Printed in Taiwan